三菱FX系列PLC实训教程

赵显光 主 编

钱 昕 李 霁 王琦英 副主编

SANLING FX XILIE PLC SHIXUN JIAOCHENG

浙江工商大学出版社 | 杭州
ZHEJIANG GONGSHANG UNIVERSITY PRESS

图书在版编目(CIP)数据

三菱 FX 系列 PLC 实训教程 / 赵显光主编. —杭州：
浙江工商大学出版社，2014.6(2020.1 重印)

ISBN 978-7-5178-0570-0

Ⅰ．①三… Ⅱ．①赵… Ⅲ．①plc 技术—教材 Ⅳ．
①TM571.6

中国版本图书馆 CIP 数据核字(2014)第 147669 号

三菱 FX 系列 PLC 实训教程

SANLING FX XILIE PCL SHIXUN JIAOCHENG

赵显光主　编　钱　昕　李　霈　王琦英 副主编

策划编辑	谭娟娟	
责任编辑	谭娟娟	
封面设计	王妤驰	
责任印制	包建辉	
出版发行	浙江工商大学出版社	
	(杭州市教工路 198 号　邮政编码 310012)	
	(E-mail:zjgsupress@163.com)	
	(网址:http://www.zjgsupress.com)	
	电话:0571－88904980,88831806(传真)	
排　　版	杭州朝曦图文设计有限公司	
印　　刷	虎彩印艺股份有限公司	
开　　本	787mm×1092mm　1/16	
印　　张	7	
字　　数	162 千	
版 印 次	2014 年 6 月第 1 版　2020 年 1 月第 5 次印刷	
书　　号	ISBN 978-7-5178-0570-0	
定　　价	20.00 元	

《三菱 FX 系列 PLC 实训教程》编委会

主　　编　赵显光

副 主 编　钱　昕　李　霁　王琦英

编　　委　姚建强　庞佳丽　罗佳冰　金正伟

　　　　　沈永明

目 录

模块一 可编程控制器的基本知识

模块二 基础指令及编程

模块三 步进顺序控制指令应用

模块四 功能指令应用

模块五　GX Developer 软件简介

模块一　可编程控制器的基本知识

MELSEC 简介

1. 可编程控制器渊源

可编程控制器（Progrannable Controller，PC），为与个人计算机 PC 相区别，用 PLC 表示。

PLC 是在传统的顺序控制器的基础上引入微电子技术、计算机技术、自动控制技术和通讯技术而形成的新一代工业控制装置，目的是用来取代继电器，执行逻辑、计时、计数等顺序控制功能，建立柔性的程控系统。国际电工委员会（International Electrotechnical Commission，IEC）颁布了对 PLC 的规定：可编程控制器是一种数字运算操作的电子系统，专为在工业环境下应用而设计。

它采用可编程的存储器，用来存储执行逻辑运算、顺序控制、定时、计数和算术运算等操作的指令，并通过数字的、模拟的输入和输出，控制各种类型的机械完成生产过程。可编程控制器及其有关设备，都应按易与工业控制系统形成一个整体、易扩充其功能的原则进行设计。

PLC 以其可靠性高、抗干扰能力强、编程简单、使用方便、控制程序可变、体积小、质量轻、功能强和价格低廉等特点，在机械制造、冶金、生产线控制、仓储物流等领域得到了广泛的应用。如图 1-1、1-2 所示：

PLC 程序既有生产厂家的系统程序，又有用户自己开发的应用程序。系统程序即提供运行平台，也为 PLC 程序可靠运行及信息之间转换提供必要的公共处理。用户程序由用户按控制要求设计。

食品、包装

混合

加工

冷堆放

风扇、传送带

检测

分类

烘烤

包装

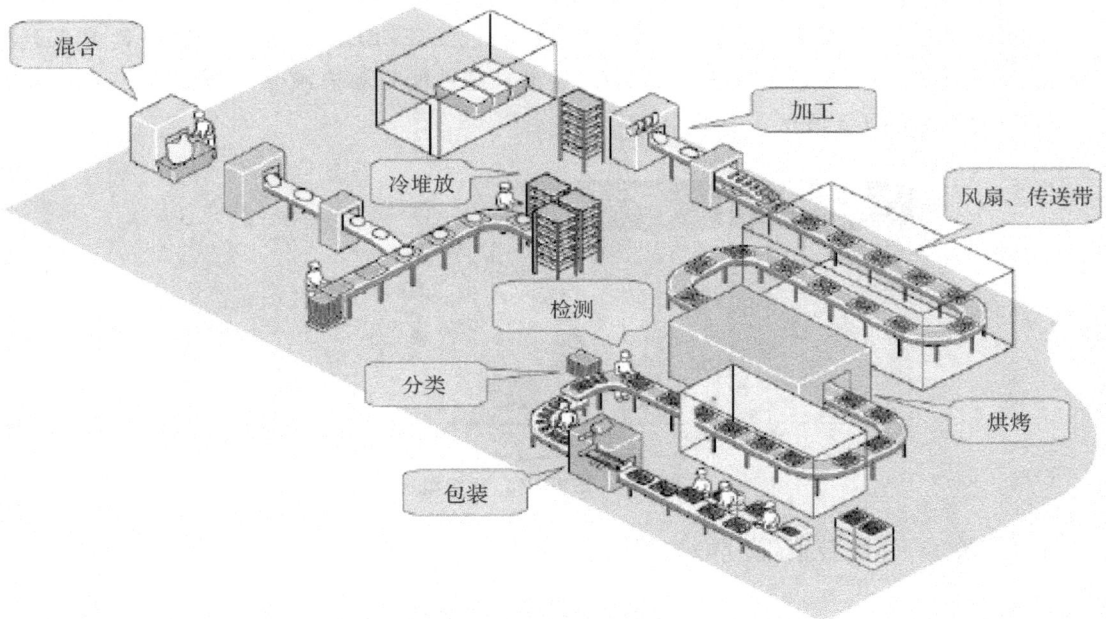

图 1-1 生产线 PLC 控制系统

自动仓库、物流

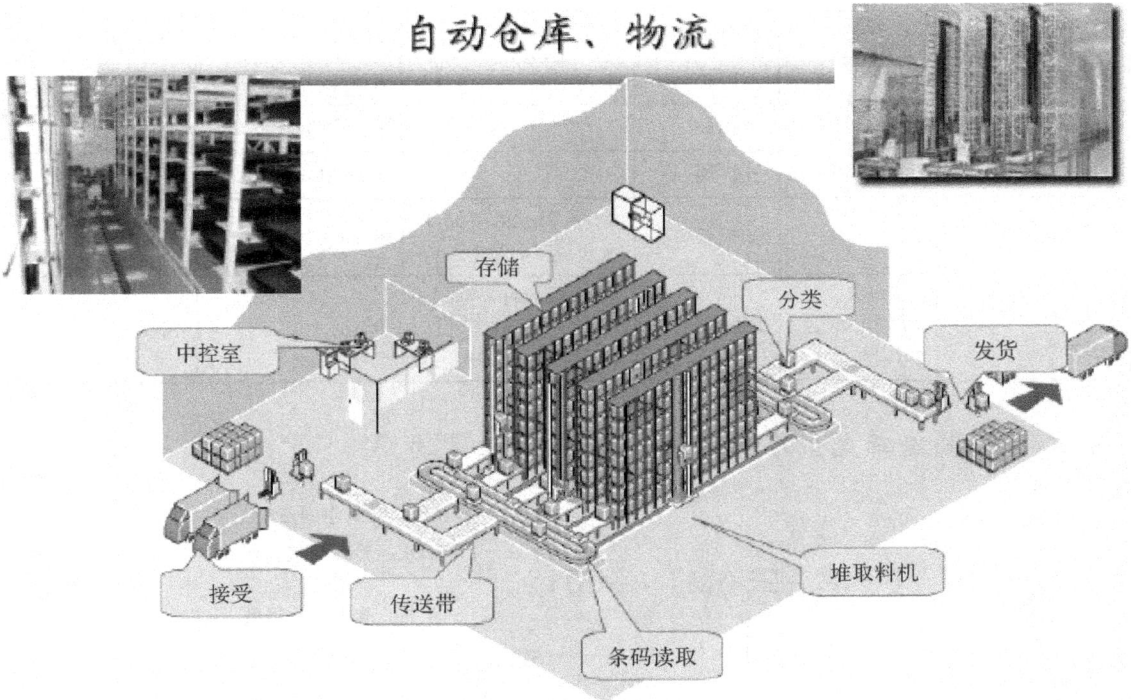

存储

分类

中控室

发货

接受

传送带

条码读取

堆取料机

图 1-2 仓储物流 PLC 控制系统

2. 三菱 MELSEC 的发展历史和基本概况

　　MELSEC 是"三菱电机 PLC 控制系统"的缩写。MELSEC 自 1981 年第一代 F 系列投入市场,到 1990 年 FX 系列发售再到现在,凭借其高性能与高信赖度,在全球销售已经超过 1 000 万台。如图 1-3 所示:

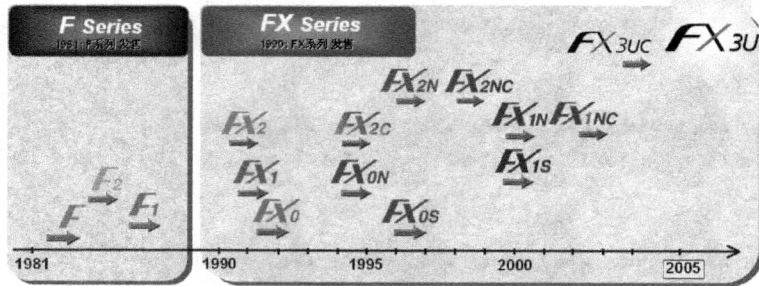

图 1-3　三菱 PLC 发展概况

2.1　FX 系列性能比较,如表 1-1 所示

表 1-1　FX 系列性能比较

系列名称	最大 I/O 点	可扩展性	最大程序容量(步)	内置存储器类型	是否需要电池
FX_{0S}	30	不可扩展	800	EEPROM	不需要
FX_{1S}	30	不可扩展	2 000	EEPROM	不需要
FX_{0N}	128	可扩展	2 000	EEPROM	不需要
FX_{1N}	128	可扩展	8 000	EEPROM	不需要
FX_{2N}/FX_{2NC}	256	可扩展	8 000(配置存储卡盒可达 16 000)	RAM	需要
FX_{3U}/FX_{3UC}/FX_{3G}	256(FX_{3U}加 CC-LINK,I/O 为 384)	可扩展	FX_{3U}/FX_{3UC}:64 000 FX_{3G}:3 200(可加扩展存储盒)	RAM	需要

2.2　FX 基本单元命名的一般规则,如图 1-4 所示

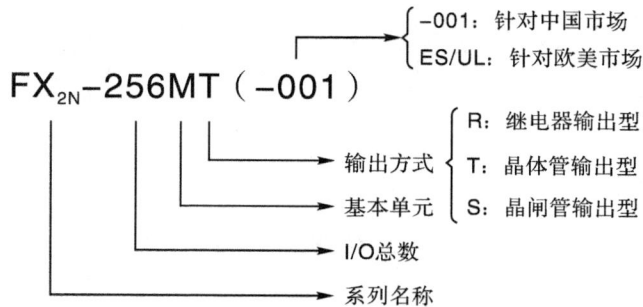

图 1-4　FX 系列 PLC 命名规则

2.3 FX PLC 基本单元各部分说明，以 FX$_{2N}$为例，如图 1-5 所示

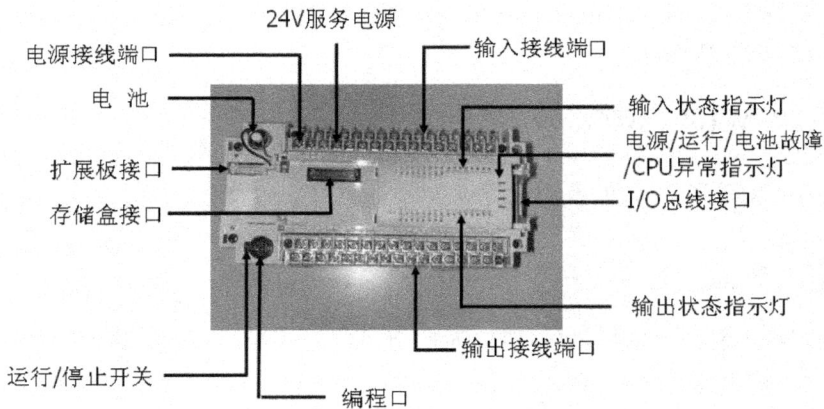

图 1-5 PLC 基本单元组成结构

FX PLC 基本单元补充说明：

电源：请根据使用的基本单元连接适当的电源；

输入接线：对一般型号，在输入端和 COM 端间外接即可；

输出接线：在输出方式允许的前提下，不同的电压等级需使用不同的 COM 端；

电池：型号 F2-40BL，为 3.6 V 锂电池，不可充电，寿命 5 年。（建议 4—4.5 年更换一次，更换时请断开 PLC 电源。）

3. FX PLC 的软元件介绍

软元件。

位软元件：只有 2 种状态的软元件（接通/断开或 ON/OFF），如 X（输入）、Y（输出）、M（辅助继电器）、S（状态继电器）。

字软元件：能存储数据的软元件，如 D（数据寄存器）、T（定时器）、C（计数器）、Z/V（变址寄存器）。

常数：K（十进制常数）、H（十六进制常数）。

指针：P（跳转指针）、N（嵌套指针）、I（中断指针）。

4. FX PLC 的编程工具及编程电缆

4.1 便携式编程器

FX-10P（两行显示）、FX-20P（四行显示、带程序存储功能）。

4.2　GX-Developer(Windows 版)

三菱电机 Q 系列、QnA 系列、大部分 A 系列 CPU、一部分 A 系列 motion(运动)CPU、FX 系列的通用编程软件。

4.3　FX GP/WIN（Windows 版）

三菱电机 FX 系列 PLC 的专用编程软件。

4.4　编程电缆

FX PLC 使用 RS422 编程接口,所以需使用 RS232/RS422 或 USB/RS422 转换器,常用编程电缆型号:SC-09。

5　GX Developer 编程软件简介

GX Developer 是三菱电气公司开发的用于可编程控制器的编程软件,可在 Windows 9x 及以上操作系统运行,适用于 Q、QnU、QS、QnA、AnS、AnA、FX 等全系列可编程控制器。支持梯形图、指令表、SFC、ST 及 FB、Label 语言程序设计、网络参数设定,可进行程序的线上更改、监控及调试,具有异地读写 PLC 程序功能,目前 GX Developer 的最新版本为 GX Developer V8.86。在课程的最后部分设置了 GX Developer 编程软件有关于应用的详细描述。

对于 GX Developer 软件,使用 Windows Vista、Windows 7、Windows XP 系统时,最少需要 15GB 的可用空间,建议使用分辨率为 1 024×768 像素或更高。

模块二　基础指令及编程

第一部分　基础指令和编程方法

1. 编程器件

　　FX 系列产品,它内部的编程元件,也就是支持该机型编程语言的软元件,按通俗叫法分别称为继电器、定时器、计数器等,但它们与真实元件有很大的差别,一般称它们为"软继电器"。这些编程用的继电器,其工作线圈没有受工作电压等级、功耗大小和电磁惯性等问题影响;触点没有数量限制、机械磨损和电蚀等问题。它在不同的指令操作下,工作状态既可以无记忆,也可以有记忆,同时可以作脉冲数字元件使用。一般情况下,X 代表输入继电器,Y 代表输出继电器,M 代表辅助继电器,SPM 代表专用辅助继电器,T 代表定时器,C 代表计数器,S 代表状态继电器,D 代表数据寄存器,MOV 代表传输等。

1.1　输入继电器（X）

　　PLC 的输入端口是接受外部开关信号的窗口。PLC 内部与输入端口连接的输入继电器 X 是用光电隔离的电子继电器,它们的编号与接线端口编号一致(按八进制输入),线圈的吸合或释放只取决于 PLC 外部触点的状态。内部有常开/常闭 2 种触点供编程时随时使用,且使用次数不限。输入电路的时间常数一般小于 10 ms。各基本单元都是八进制输入的地址,输入为 X000～X007,X010～X017,X020～X027。它们一般位于机器的上端。

1.2　输出继电器（Y）

　　PLC 的输出端口是向外部负载输出信号的窗口。输出继电器的线圈由程序控制,输出继电器的外部输出主触点接到 PLC 的输出端口上供外部负载使用,其余常开/常闭触点供内部程序使用。输出继电器的电子常开/常闭触点使用次数不限。输出电路的时间常数是固定的。各基本单元都是八进制输出,输出为 Y000 ～Y007,Y010～Y017,Y020～Y027。它们一般位于机器的下端。

1.3　辅助继电器（M）

　　PLC 内有很多的辅助继电器,其线圈与输出继电器一样,由 PLC 内各软元件的触点驱动。辅助继电器也称中间继电器,它没有向外的任何联系,只供内部编程使用。它的电子常开/常闭触点使用次数不受限制。但是,这些触点不能直接驱动外部负载,外部负载的驱动必须通过输出继电器来实现。如图 2-1-1 所示中的 M300,它只起到一个自锁的功能。在 FX$_{2N}$中普遍采用 M0～M499,共 500 点辅助继电器,其地址号按十进制编号。辅助继电器中还有一些特殊的辅助继电器,如掉电继电器、保持继电器等。

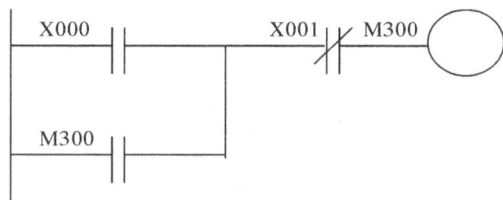

图 2-1-1 辅助继电器符号接线图

1.4 定时器(T)

在 PLC 内的定时器是根据时钟脉冲的累积形式,当所计时间达到设定值时,其输出触点动作,时钟脉冲有 1 ms、10 ms、100 ms。定时器以用户程序存储器内的常数 K 作为设定值,也可以用数据寄存器(D)的内容作为设定值。在后一种情况下,一般使用有掉电保护功能的数据寄存器。即使如此,若备用电池电压降低时,定时器或计数器往往会发生误动作。

定时器通道范围如下:

100 ms 定时器 T0～T199,共 200 点,设定值:0.1～3 276.7 s;

10 ms 定时器 T200～T245,共 46 点,设定值:0.01～327.67 s;

1 ms 积算定时器 T246～T249,共 4 点,设定值:0.001～32.767 s;

100 ms 积算定时器 T250～T255,共 6 点,设定值:0.1～3 276.7 s。

定时器指令符号及应用如图 2-1-2 所示:

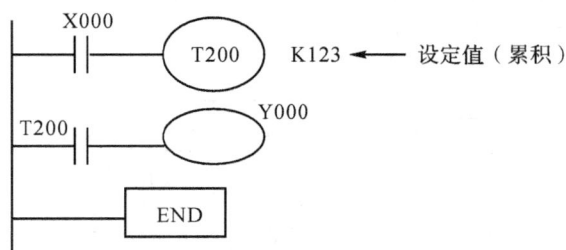

图 2-1-2 定时器指令符号图

图 2-2 中,当定时器线圈 T200 的驱动输入 X000 接通时,T200 的当前值计数器对10 ms 的时钟脉冲进行累积计数,当前值与设定值 K123 相等时,定时器的输出接点动作,即输出触点是在驱动线圈后的 1.23 s(10 ms×123=1.23 s)时才动作,当 T200 触点吸合后,Y000 就有输出。当驱动输入 X000 断开或发生停电时,定时器就复位,输出触点也复位。

每个定时器只有一个输入,它与常规定时器一样,线圈通电时,开始计时;断电时,自动复位,不保存中间数值。定时器有 2 个数据寄存器,一个为设定值寄存器,另一个是现时值寄存器。编程时,由用户设定累积值。

如果是积算定时器,它的符号接线如图 2-1-3 所示:

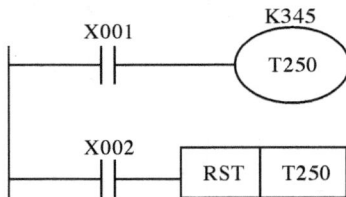

图 2-1-3 积算定时器符号接线图

图 2-1-3 中,定时器线圈 T250 的驱动输入 X001 接通时,T250 的当前值计数器对 100 ms 的时钟脉冲进行累积计数,当该值与设定值 K345 相等时,定时器的输出触点动作。在计数过程中,即使输入 X001 在接通或复电时,计数继续进行,其累积时间为 34.5 s(100 ms ×345=34.5 s)时触点动作。当复位输入 X002 接通,定时器就复位,输出触点也复位。

1.5 计 数 器(C)

FX_{2N} 中的 16 位计数器,是 16 位二进制加法计数器,它是在计数信号的上升沿进行计数。它有 2 个输入,一个用于复位,一个用于计数。每一个计数脉冲上升沿使原来的数值减 1,当现时值减到零时停止计数,同时触点闭合。直到复位控制信号的上升沿输入时,触点才断开,设定值又写入,再次进入计数状态。

其设定值在 K1~K32 767 范围内有效。

设定值 K0 与 K1 含义相同,即在第一次计数时,其输出触点就动作。

通用计数器的通道号:C0~C99,共 100 点。

保持用计数器的通道号:C100~C199,共 100 点。

通用与掉电保持用的计数器点数分配,可由参数设置而随意更改。

计数器符号接线如图 2-1-4 所示。

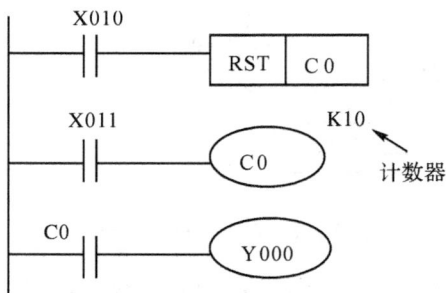

图 2-1-4 计数器符号接线图

图 2-1-4 中,由计数输入 X011 每次驱动 C0 线圈时,计数器的当前值加 1。当第 10 次执行线圈指令时,计数器 C0 的输出触点即动作。之后即使计数器输入 X011 再动作,计数器的当前值保持不变。

当复位输入 X010 接通(ON)时、执行 RST 指令、计数器的当前值为 0,输出接点也复位。

应注意的是,计数器 C100～C199,即使发生停电,当前值与输出触点的动作状态或复位状态也能保持。

1.6 数据寄存器(D)

数据寄存器是计算机必不可少的元件,用于存放各种数据。FX$_{2N}$中每一个数据寄存器都是 16 bit(最高位为正负符号位),也可用 2 个数据寄存器合并起来存储 32 bit 数据(最高位为正负符号位)。

(1)通用数据寄存器,通道分配:D0～D199,共 200 点。

只要不写入其他数据,已写入的数据不会变化。但是,由 RUN→STOP 时,全部数据均清零。(若特殊辅助继电器 M8033 已被驱动,则数据不被清零)。

(2)停电保持用寄存器,通道分配:D200～D511,共 312 点,或 D200～D999,共 800 点(由机器的具体型号定)。

基本上同通用数据寄存器。除非改写,否则原有数据不会丢失,不论电源接通与否,PLC 运行与否,其内容也不变化。然而在 2 台 PLC 做点对点的通信时,D490～D509 被用作通信操作。

(3)文件寄存器,通道分配:D1 000～D2 999,共 2 000 点。

文件寄存器是在用户程序存储器(RAM、EEPROM、EPROM)内的一个存储区,以 500 点为一个单位,最多可在参数设置时到 2 000 点。用外部设备口进行写入操作。在 PLC 运行时,可用 BMOV 指令读到通用数据寄存器中,但是不能用指令将数据写入文件寄存器。用 BMOV 将数据写入 RAM 后,再从 RAM 中读出。将数据写入 EEPROM 盒时,需要花费一定的时间,务必注意。

(4)RAM 文件寄存器,通道分配:D6 000～D7 999,共 2 000 点。

驱动特殊辅助继电器 M8074,由于采用扫描被禁止,上述的数据寄存器可作为文件寄存器处理,用 BMOV 指令传送数据(写入或读出)。

(5)特殊用寄存器,通道分配:D8 000～D8 255,共 256 点。

写入特定目的的数据或已经写入数据的寄存器,其内容在电源接通时,写入初始化值。(一般先清零,然后由系统 ROM 来写入)

2. 基础指令

基本逻辑指令是 PLC 中最基本的编程语言,掌握了它就初步掌握了 PLC 的使用方法,现在我们针对 FX$_{2N}$系列,逐条学习其指令的功能和使用方法,每条指令及其应用实例都以梯形图和语句表 2 种编程语言对照说明。

2.1 输入/输出指令(LD/LDI/OUT)

把 LD/LDI/OUT 3 条指令的功能、梯形图表示形式、操作元件以列表的形式加以说明,如表 2-1-1 所示:

表 2-1-1　三条指令表

符　号	功　能	梯形图表示	操作元件
LD(取)	常开触点与母线相连	⊢┤├	X,Y,M,T,C,S
LDI(取反)	常闭触点与母线相连	⊢╱├	X,Y,M,T,C,S
OUT(输出)	线圈驱动	⊢○	Y,M,T,C,S,F

　　LD 与 LDI 指令用于与母线相连的接点,此外还可用于分支电路的起点。如图 2-1-5 所示。

　　OUT 指令是线圈的驱动指令,可用于输出继电器、辅助继电器、定时器、计数器、状态寄存器等,但不能用于输入继电器。输出指令用于并行输出,能连续使用多次。

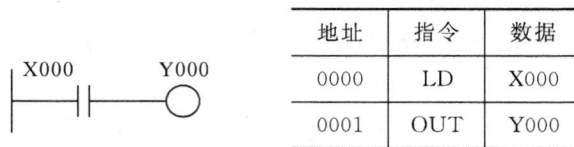

地址	指令	数据
0000	LD	X000
0001	OUT	Y000

图 2-1-5　LD 指令符号接线图

2.2　触点串连指令(AND/ANDI)、并联指令(OR/ORI)

　　触点串连指令(AND/ANDI)、并联指令(OR/ORI)如表 2-1-2 所示:

表 2-1-2　触点串连、关联指令表

符号(名称)	功　能	梯形图表示	操作元件
AND(与)	常开触点串联连接	┤├┤├	X,Y,M,T,C,S
ANDI(与非)	常闭触点串联连接	┤├╱├	X,Y,M,T,C,S
OR(或)	常开触点并联连接		X,Y,M,T,C,S
ORI(或非)	常闭触点并联连接		X,Y,M,T,C,S

　　AND、ANDI 指令用于一个触点的串联,但串联触点的数量不限,这 2 个指令可连续使用。

　　OR、ORI 是用于一个触点的并联连接指令。如图 2-1-6 所示。

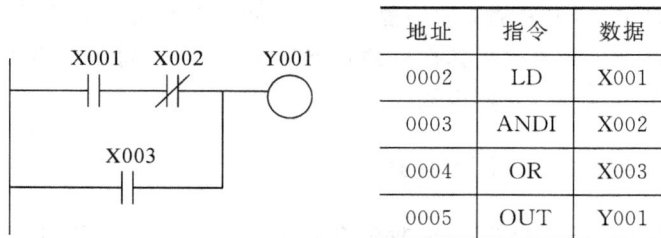

地址	指令	数据
0002	LD	X001
0003	ANDI	X002
0004	OR	X003
0005	OUT	Y001

图 2-1-6　ANDI 与 OR 符号接线图

2.3 电路块的并联和串联指令（ORB、ANB）

表 2-1-3 电路块并、串联指令表

符号（名称）	功　能	梯形图表示	操作元件
ORB（块或）	电路块并联连接	⊏⊐⊐	无
ANB（块与）	电路块串联连接	—（ ）—	无

含有 2 个以上触点串联连接的电路称为"串联连接块"，串联电路块并联连接时，支路的起点以 LD 或 LDNOT 指令开始，而支路的终点要用 ORB 指令。ORB 指令是一种独立指令，其后不带操作元件号，因此，ORB 指令不表示触点，可以看成电路块之间的一段连接线。如需要将多个电路块并联连接，应在每个并联电路块之后使用一个 ORB 指令，用这种方法编程时并联电路块的个数没有限制；如果将所有要并联的电路块依次写出，然后在这些电路块的末尾集中写出 ORB 的指令，此时 ORB 指令最多使用 7 次。

将分支电路（并联电路块）与前面的电路串联连接时使用 ANB 指令，各并联电路块的起点使用 LD 或 LDNOT 指令；与 ORB 指令一样，ANB 指令也不带操作元件，如需要将多个电路块串联连接，应在每个串联电路块之后使用一个 ANB 指令，用这种方法编程时串联电路块的个数没有限制，若集中使用 ANB 指令，最多使用 7 次。如图 2-1-7 所示。

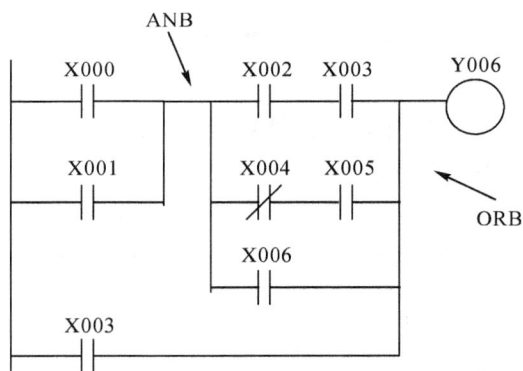

图 2-1-7 电路块的并联和串联指令接线图

2.4 程序结束指令（END）

表 2-1-4 程序结束指令表

符号（名称）	功　能	梯形图表示	操作元件
END（结束）	程序结束	—[结束]—	无

在程序结束处写上 END 指令，PLC 只执行第一步至 END 之间的程序，并立即输出处理。若不写 END 指令，PLC 将以用户存贮器的第一步执行到最后一步，因此，使用 END 指令可缩短扫描周期。另外，在调试程序时，可以将 END 指令插在各程序段之后，分段检查各程序段的动作，确认无误后，再依次删去插入的 END 指令。

3. 梯形图的设计与编程方法

梯形图是各种 PLC 通用的编程语言,尽管各厂家的 PLC 所使用的指令符号不太一致,但梯形图的设计与编程方法基本上大同小异。

3.1 确定各元件的编号,分配 I/O 地址

利用梯形图编程,首先必须确定所使用的编程元件编号,PLC 是按编号来区别操作元件的。我们选用的 FX_{2N} 型号的 PLC,其内部元件的地址编号如表 X 所示,使用时一定要明确,每个元件在同一时刻决不能担任几个角色。一般来讲,配置好的 PLC,其输入点数与控制对象的输入信号数总是相对应的,输出点数与输出的控制回路数也是相对应的(如果有模拟量,则模拟量的路数与实际的也要相当),故 I/O 的分配实际上是把 PLC 的输入、输出点号分给实际的 I/O 电路,编程时按点号建立逻辑或控制关系,接线时按点号"对号入坐"进行接线。FX_{2N} 系列的 I/O 地址分配及一些其他的内存分配前面都已介绍过了,同学们也可以参考 FX 系列的编程手册。

3.2 梯形图的编程规则

(1)每个继电器的线圈和它的触点均用同一编号,每个元件的触点使用时没有数量限制。

(2)梯形图每一行都是从左边开始,线圈接在最右边(线圈右边不允许再有接触点),如图 2-1-8(a)所示为错误的,图 2-1-8(b)所示为正确的。

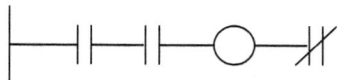

图 2-1-8(a) 错误的梯形图   图 2-1-8(b) 正确的梯形图

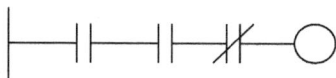

(3)线圈不能直接接在左边母线上。

(4)在一个程序中,同一编号的线圈如果使用 2 次,称为双线圈输出,它很容易引起误操作,应尽量避免。

(5)在梯形图中没有真实的电流流动,为了便于分析 PLC 的周期扫描原理和逻辑上的因果关系,假定在梯形图中有"电流"流动,这个"电流"只能在梯形图中单方向流动——即从左向右流动,层次的改变只能从上向下。

如图 2-1-9 所示是一个错误的桥式电路梯形图。

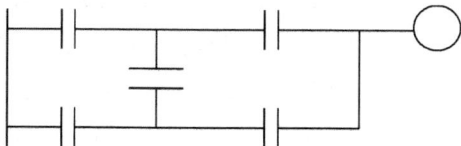

图 2-1-9 错误的桥式电路梯形图

4. 实例分析

4.1 时间顺序控制的延时断开定时器电路

时间顺序控制——延时断开定时器,如图 2-1-10 所示梯形图程序,按图说明控制过程。

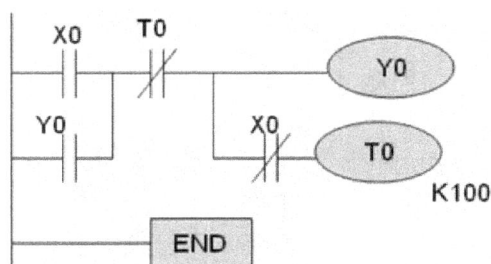

图 2-1-10 时间顺序控制梯形图

4.2 定时步进电路

如图 2-1-11 所示,当 X0 合上,Y0 输出 10 s 后 Y1 才有输出,Y0 输出 20 s 后停止输出;Y1 输出 10 s 后 Y2 才有输出,Y1 输出 30 s 后停止工作;Y2 输出 50 s 后停止工作;X1 为总停触点。

根据综上描述和对图 2-1-11 梯形图程序的理解,画出对应 Y0、Y1、Y2 输出的时序脉冲图。

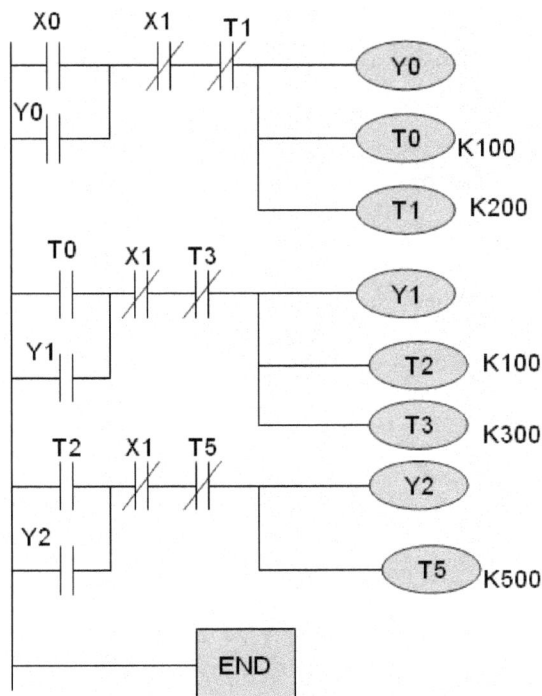

图 2-1-11 梯形图

4.3　计数器电路

如图 2-1-12 所示梯形图电路,当 X0 合上,Y0 有输出;Y1 的输出状态是合上 1 s,关断 1 s,连续计数 10 次后,Y0、Y1 停止输出;Y2 在第 10 个脉冲时合上 1 s 后关断。画出该程序对应 Y0、Y1、Y2 输出的时序脉冲图。

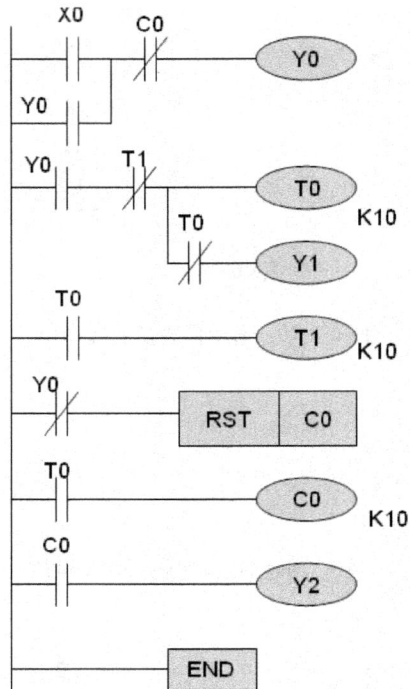

图 2-1-12　梯形图

第二部分 综合实训

项目一 三相异步电动机点动、连续运行控制

▌项目描述

电动机单向运行的起动、停止控制是最基本、最常用的控制。按下起动按钮,电动机就通电起动,按下停止按钮,电动机就断电停止。在生产实践过程中,某些生产机械常要求既能正常起动,又能实现调整位置的点动工作。本项目要求利用 PLC 的基本逻辑指令编程来实现对电动机的点动及连续运行的控制。

▌项目目标

1. 熟悉 PLC 控制系统设计的一般工作流程。
2. 掌握 PLC 编程元件的功能及基本指令的编程方法。
3. 提高学生独立分析问题、解决问题的能力。

▌知识准备

编程器件(软元件)

PLC 内部的编程元件,按通俗叫法分别称为继电器、定时器、计数器等,但它们与真实元件有很大的差别,一般称它们为"软继电器"。它们的工作线圈没有受工作电压等级、功耗大小和电磁惯性等问题影响;触点也没有数量限制、机械磨损和电蚀等问题。

1. 输入继电器(X)

PLC 内部与输入端口连接的输入继电器 X 是用光电隔离的电子继电器,线圈的吸合或释放只取决于 PLC 外部触点的状态。内部有常开/常闭 2 种触点供编程时随时使用,使用次数不限。各基本单元都是八进制输入的地址,例如:X000～X007,X010～X017,X020～X027。

2. 输出继电器(Y)

输出继电器的线圈由程序控制,输出继电器的外部输出主触点接到 PLC 的输出端口上

供外部负载使用,其余常开/常闭触点供内部程序使用。输出继电器的电子常开/常闭触点使用次数不限。各基本单元都是八进制输出,例如 Y000～Y007,Y010～Y017,Y020～Y027。

项目实施

任务一   读一读电气控制原理图

电气控制原理如图 2-2-1 所示:

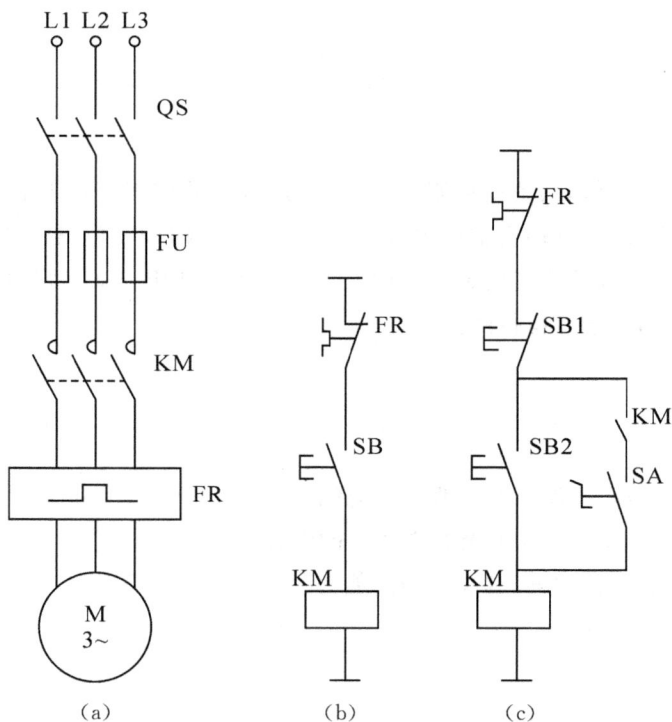

图 2-2-1   电气原理图

图 2-2-1(a)为主电路。

图 2-2-1(b)为最简单的点动控制线路。按下 SB,电动机起动运行,松开按钮 SB 时,电动机停止运转。

图 2-2-1(c)是带手动开关 SA 的点动控制线路。当需要点动控制时,只要把开关 SA 断开,由按钮 SB2 来进行点动控制。当需要正常运行时,只要把开关 SA 合上,将 KM 的自锁触点接入,即可实现连续控制。

任务二   硬件设计

设计分析:SA 负责在点动控制和连续控制之间进行切换的手动开关,在 PLC 输入端口分配上设置 SA 的常开触点作为控制装置。

电动机供电的接触器 KM 占用一个输出端口。由于电机只是启动、停车,用一个起动按钮和一个停止按钮就够了,加上热继电器过载保护,因此输入端需要另外设置 3 个端口。

1. 分配 I/O 地址

表 2-2-1　I/O 地址分配表

输　入				输　出		
输入继电路	输入元件	作用功能	触点状态	输出继电器	输出元件	作　用
X0	SB2	启动按钮	常开	KM	Y0	三相异步电动机
X1	SB1	停止按钮	常开			
X2	SA	手动开关	常开			
X3	FR	热继电器	常开			

2. 画 I/O 接线图

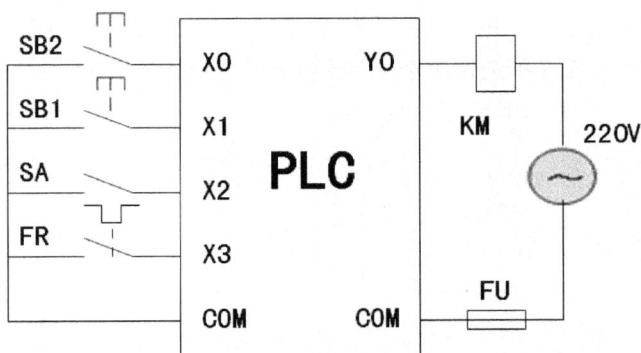

图 2-2-2　PLC 接线原理图

3. 接线

按照图 2-2-2 所示,连接 PLC 输入端口与各输入控制元件之间,输出端口与各输出负载之间的接线。

在输出端口的连线上,严格按照各负载的额定工作电压选择相应的交、直流电源,避免出现因电源选择不当致使负载不能正常工作或者因明显过压而损毁元件、负载的情况。

同时还应注意区分输出公共端 COM0~COMn 与各输出信号之间的具体分工和归属问题,再进行正确接线。输入信号共用一个输入公共端 COM。

任务三　梯形图设计

根据输入输出接线圈可设计出异步电动机点动运行的参考程序,梯形图如图 2-2-3 所示。

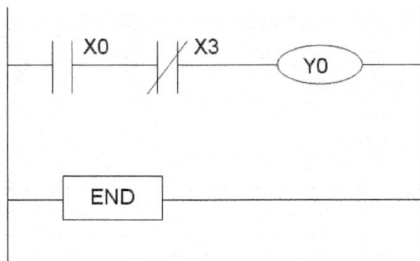

图 2-2-3　点动控制参考程序梯形图

当按下 SB2 时,输入继电器 X0 得电,其常开触点闭合。在电路未出现过载的情况下,输入继电器 X3 不接通,其常闭触点保持闭合,则此时输出继电器 Y0 接通,进而接触器 KM 得电,主触点接通电源,则电动机起动运行。当松开按钮 SB1 时,X0 失电,其触点断开,Y0 失电,接触点 KM 断电,电动机停止转动,即本梯形图可实现点动控制功能。

图 2-2-4 所示的梯形图称为"启—保—停"电路。这个名称主要来源于图中的自保持触点 Y0。并联在 X0 常开触点上的 Y0 常开触点,在 SB1 松开输入继电器 X0 断时,线圈 Y0 仍然能保持接通状态。工程中把这个触点叫做"自保持触点"。"启—保—停"电路是梯形图中最典型的单元,它包含了梯形图程序的全部要素。

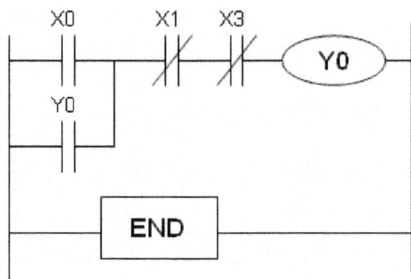

图 2-2-4　连续运行参考程序

如考虑到 SA 手动开关负责在点动和连续控制之间进行切换的申诉,则梯形图程序如图 2-2-5 所示。

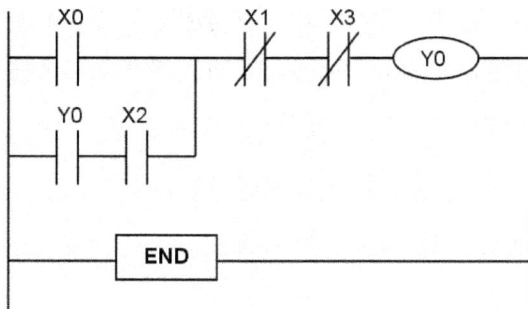

图 2-2-5　点动/连续运行参考程序

任务四 运行并调试程序

1. 将梯形图程序输入计算机。

2. 下载程序到 PLC,并对程序进行调试运行。观察电机在程序控制下能否实现点动和连续运行起动的控制。

3. 调试运行并记录调试结果。

▌归纳总结

本项目通过对电机点动、连续运行控制的 PLC 设计,重点强调了 PLC 设计上的整体流程,加强了把握、分析、解决问题的能力,并对梯形图程序的设计方法有了进一步的认识。

▌课后思考

同学们可能发现,在硬件设置的连接线上,所用热继电器 FR 的触点为常开触点,如果使用的是常闭触点,梯形图应如何设计?

项目二   电动机延时启动控制

项目描述

在一些特殊行业的生产过程中,为保证安全生产,通常在按下启动按钮后,先延时一段时间(如 10 s)。由电铃和信号灯发出的声光报警提示现场人员注意,延时时间一到,声光报警立即停止,电动机起动,当按下停止按钮,电动机停止运行。

项目目标

1.学习了解定时软元件,掌握定时器的延时作用和在梯形图程序中的正确应用。
2.掌握梯形图程序的设计规则和思路。
3.提高学生独立分析问题、解决问题的能力。

知识准备

1.时间继电器:时间继电器是指当加入(或去掉)输入的动作信号后,其输出电路需经过规定的准确时间才产生跳跃式变化(或触头动作)的一种继电器,是一种使用在较低的电压或较小电流的电路上,用来接通或切断较高电压或较大电流的电路的电气元件。同时,时间继电器也是一种利用电磁原理或机械原理实现延时控制的控制电器,它的种类很多,有空气阻尼型、电动型和电子型等。如图 2-2-6 所示:

图 2-2-6   时间继电器实物图

2.定时器 T 指令:在 PLC 梯形图电路中,作用相当于时间继电器,但不等同于时间继电器。因其为定时软元件时,工作线圈没有受工作电压等级、功耗大小和电磁惯性等问题影响;触点没有数量限制、机械磨损和电蚀等问题,因此给延时控制电路的设计带来非常大的方便。

$$定时时间＝时间脉冲单位×预置值$$

其中,时间脉冲单位有 1 ms、10 ms、100 ms 3 种。预置值(设定值)为十进制常数 K,取值范围为 K1～K32 767。

T0～T199 以 100 ms 为时间脉冲单位;

T200～T245 以 10 ms 为时间脉冲单位;

T246～T249 以 1 ms 为时间脉冲单位的积算定时器;

T250～T255 以 100 ms 为时间脉冲单位的积算定时器。

项目实施

任务一　读一读延时控制电路图

电机延时控制电气原理如图 2-2-7 所示:

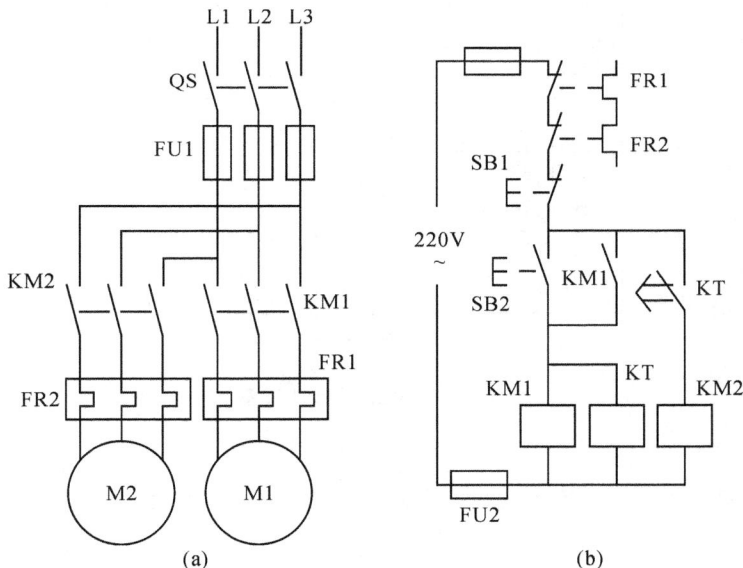

图 2-2-7　电机延时控制电气原理图

图 2-2-7 中项目的逻辑控制要求:

1.按 SB2 则 M1 启动;

2.5 s 后 M2 启动;

3.按 SB1 电机停止。

任务二　硬件设置

我们使用 PLC 输出继电器 Y1 控制电动机 M1 运行,Y2 控制另一个电动机 M2 运行。分别用 X0 和 X1 作为电动机的启动和停止按钮,X2、X3 对电动机起过载保护作用。

1. 分配 I/O 地址

表 2-2-2　I/O 地址分配表

输　入			输　出		
输入继电器	输入元件	功能	输出继电器	输出元件	作用
X0	SB2	启动按钮	Y1	KM1	M1 接触器
X1	SB1	停止按钮	Y2	KM2	M2 接触器
X2	FR1	M1 过载保护			
X3	FR2	M2 过载保护			

2. 画 I/O 接线图

PLC 接线原理如图 2-2-8 所示。

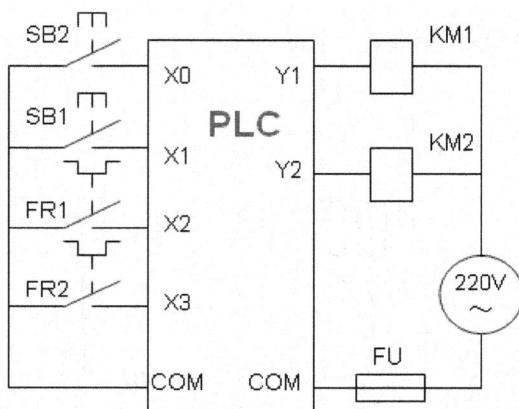

图 2-2-8　PLC 接线原理图

3. 接线

按照图 2-2-8，连接 PLC 输入端口与各输入控制元件之间，输出端口与各输出负载之间的接线。

在输出端口的连线上，应严格按照各负载的额定工作电压要求选择相应的（交、直流）电源，避免出现因操作不当致使负载不能正常工作或者因明显过压而损毁元件、负载的情况。

同时还应注意区分输出公共端 COM0～COMn 同各个输出信号之间的具体分工和归属问题，再进行正确接线。输入信号共用一个输入公共端 COM。

任务三　设计梯形图程序

根据延时启动的控制要求：电动机 M1 首先启动，5 s 后 M2 自行启动；按下停止按钮时 M1 和 M2 同时停止运行。这里需用到定时器元件 T 以达到延时控制的目的，可设计梯形图参考程序如图 2-2-9 所示。

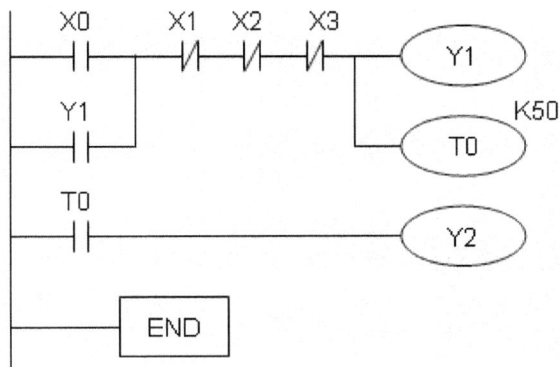

图 2-2-9　延时启动参考程序

任务四　运行并调试程序

1. 将梯形图程序输入到计算机。

2. 下载程序到 PLC,并对程序进行调试运行,观察电路能否达到预设的自动运行的控制要求。

3. 调试运行并记录调试结果。

归纳总结

本项目通过对电动机延时控制的设计实现,掌握了定时器元件 T 在梯形图电路中的使用规则,进一步了解定时器的延时动作及参数设定特性,其延时触点在使用中没有数量限制。

课后思考

设计 3 台电动机顺序启动的梯形图控制电路:按下启动按钮后 M1 首先启动运行,10 s后 M2 自行启动,再 15 s 后 M3 启动运行。按停止按钮时 3 台电动机同时停止。

项目三 定时器振荡电路

项目描述

作为 PLC 重要功能的定时和振荡功能,在 PLC 的程序中,可以进行时序构造、等待响应、人为制造中断、产生时间脉冲等多种应用。是 PLC 编程中不可或缺的重要手段。

项目目标

1. 学会定时器的使用方法,并且在编程中应用。
2. 掌握理解定时器振荡电路梯形图程序。
3. 提高学生独立分析问题、解决问题的能力。

知识准备

1. 定时器在 PLC 中的作用相当于时间继电器,其包含设定值寄存器、当前值寄存器以及输出触点。这三者使用同一个地址编号。如图 2-2-10 所示。

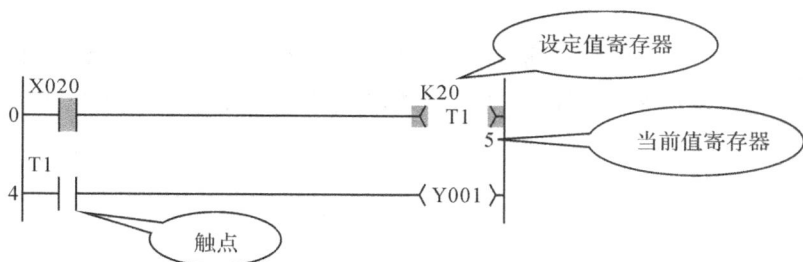

图 2-2-10 定时器梯形图

2. 通用定时器没有累计功能,定时过程中如果断电,将导致定时信息丢失,再次送电后执行程序,将重新开始定时,工作过程如图 2-2-11 所示。

三菱 FX 系列机型中,按照定时单位不同对定时器做了不同的编号。

100 ms 的定时器地址:T0~T199 共 200 点,定时范围:0.1~3 276.7 s;

10 ms 的定时器地址:T200~T245 共 46 点,定时范围:0.01~327.67 s。

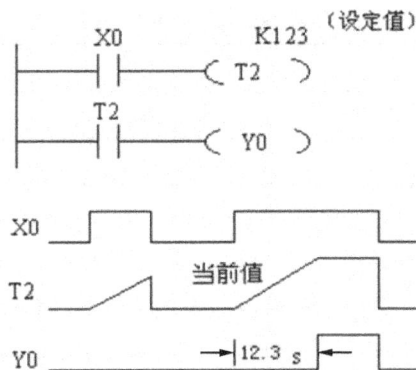

图 2-2-11 定时器断电后重启动过程图

项目实施

任务一 项目的要求

指示灯 HL 亮 3 s,灭 2 s。用 PLC 梯形图指令实现控制。

任务二 方案设计

指示灯 HL 先亮 3 s,然后灭 2 s,如此循环。这里需要用到定时器的延时工作,并且在亮和灭状态之间互相延时切换,即为矩形脉冲,如图 2-2-12 所示。根据 HL 亮 3 s、灭 2 s 的控制要求,设置 2 个定时元件 T0 和 T1 用以实现。

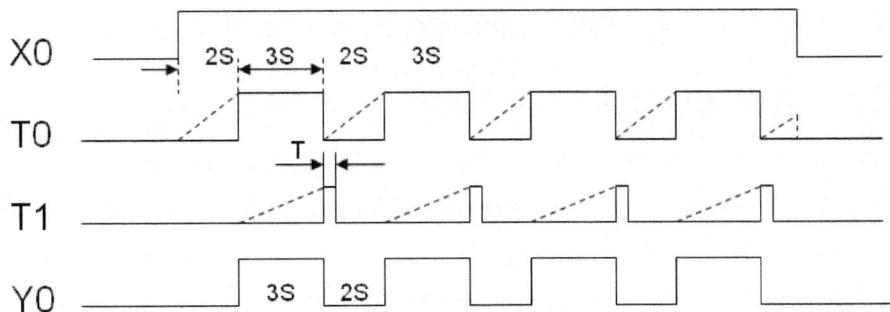

图 2-2-12 方案时序图

任务三 硬件设置

1. 分配 I/O 地址

表 2-2-3　I/O 地址分配表

输　入		输　出	
输入继电器	输入元件	输出继电器	输出元件
X0	SB	Y0	HL

2. 画 I/O 接线图

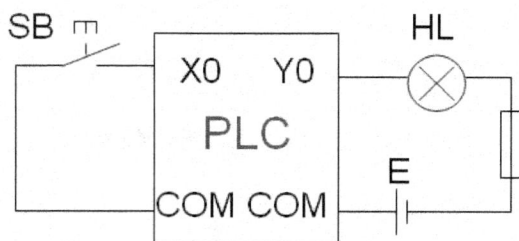

图 2-2-13　PLC 接线原理图

3. 接线

按照图 2-3-13,连接 PLC 输入端口与各输入控制元件之间,输出端口与各输出负载之间的接线。

在输出端口的连线上,应严格按照各负载的额定工作电压要求选择相应的交、直流电源,避免出现因操作不当致使负载不能正常工作或者因明显过压而损毁元件、负载的情况。

同时还应注意区分输出公共端 COM0～COMn 同各个输出信号之间的具体分工和归属问题,再进行正确接线。输入信号共用一个输入公共端 COM。

任务四　绘制梯形图参考程序

根据前述方案设计脉冲图,设计梯形图参考程序如图 2-2-14 所示。

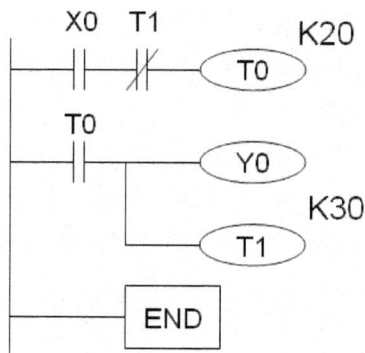

图 2-2-14　定时器振荡电路参考程序

任务五 运行并调试程序

1. 将梯形图程序输入计算机。

2. 下载程序到 PLC,并对程序进行调试运行,观察电路能否达到预设的自动运行的控制要求。

3. 调试运行并记录调试结果。

归纳总结

本项目通过对设置方波脉冲、定时器振荡电路的学习,强化了学生对于定时器电路的认识,对于定时元件在梯形图程序中的应用加深了理解。应用到具体电路当中可以表现为方波脉冲对于负载的振荡控制,应用到指示灯电路则可体现为闪烁现象。此电路在很多 PLC 控制任务中是一个经常用到的电路单元。

课后思考

设置 2 盏指示灯 L1、L2,工作方式为方波脉冲,工作周期 2 s(即均为亮 1 s 灭 1 s),使 L1、L2 交替闪烁,请从分配 I/O 地址开始,设计梯形图程序实现 PLC 控制。

项目四　利用堆栈指令控制电动机正反转

▌项目描述

在实际生产中,三相异步电动机的正反转控制是一种基本而且典型的控制。如机床工作台的左移和右移,摇臂钻床钻头的正反转,数控机床的进刀和退刀等,均需要对电动机进行正反转控制。

▌项目目标

1. 掌握 PLC 硬件设置接线、梯形图程序编写及控制逻辑仿真过程。
2. 掌握 PLC 控制系统设计的一般工作流程。
3. 提高学生独立分析问题、解决问题的能力。

▌知识准备

软元件仿真调试

PLC 程序的离线调试功能,通过该功能可以实现在没有 PLC 的情况下照样运行 PLC 程序,实现模拟运行,称为仿真。

(1)点击菜单中的"工具(T)"弹出下拉菜单,在下拉菜单中点击"梯形图逻辑测试起动(L)"。如图 2-2-15 所示:

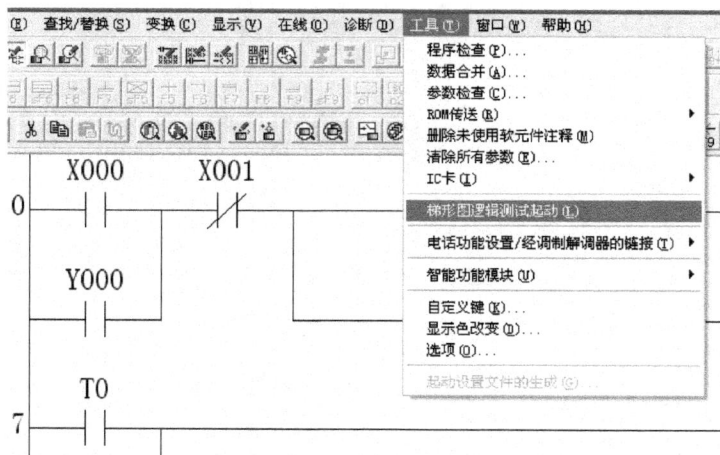

图 2-2-15　软元件仿真调试图

等待模拟写入 PLC 完成后,弹出一个标题为"LADDER LOGIC TEST TOOL"的对话框,该对话框用来模拟 PLC 实物的运行界面。如图 2-2-16 所示:

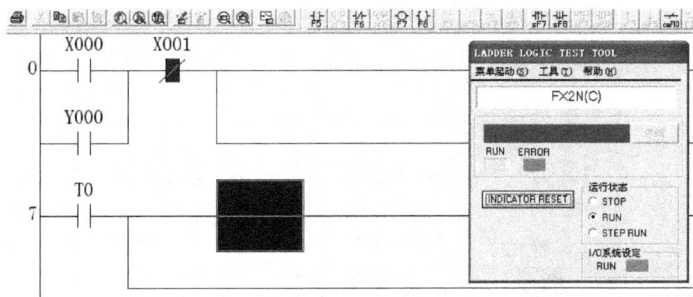

图 2-2-16　模拟 PLC 实物运行界面图

（2）选中 X000 并右击，在弹出的选项中选择"软元件测试"，弹出下面对话框。如图 2-2-17所示：

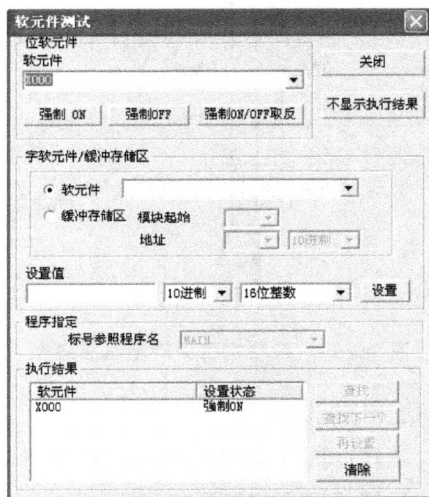

图 2-2-17　软元件测试界面图

选择点击"强制 ON"按钮，因"X000"工作状态被强制执行，则此时程序开始全面运行，直至停止。

（3）如需结束逻辑测试，再次点击菜单条中的"工具（T）"，在弹出的选项中选择"梯形图逻辑测试旧结束（L）"，退出仿真。如图 2-2-18 所示：

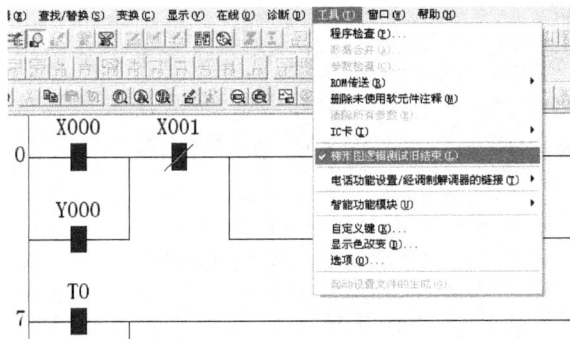

图 2-2-18　梯形图逻辑测试旧结束图

项目实施

任务一 读一读电气控制原理图

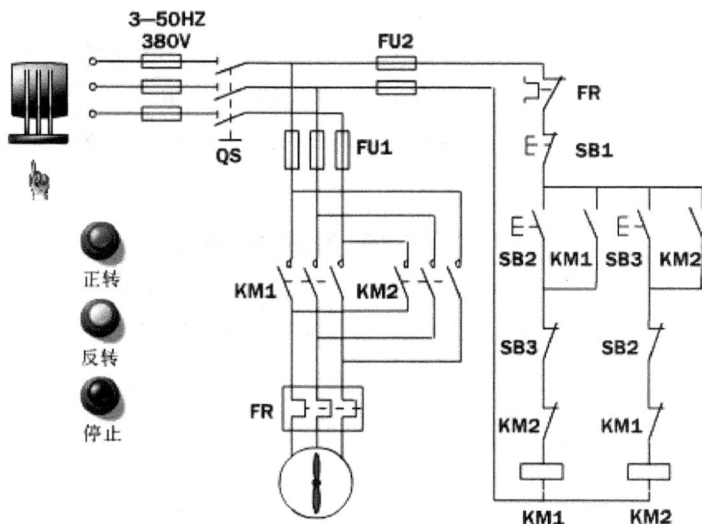

图 2-2-19 电动机正反转电气原理图

图 2-2-19 中,控制任务的逻辑要求:

1. 当按下正转启动按钮,正转线圈 KM1 得电,电动机正转。

2. 当按下反转启动按钮,反转线圈 KM2 得电,电动机反转。

3. 按下停止按钮,线圈 KM1、KM2 都失电,电动机停止转动。

任务二 方案设计

1. 电机要实现正反转控制,将其电源的相序中任意两相对调即可(我们称为换相),通常是 V 相不变,将 U 相与 W 相对调,如图 2-2-19 所示电气原理图中,只要在接触器 KM1 与 KM2 之间实现切换即可。

2. 互锁,由于将两相相序对调,故须确保 2 个 KM 线圈不能同时得电,否则会发生严重的相间短路故障,因此必须采取联锁。为安全起见,常采用按钮联锁(PLC 梯形图中 X0 与 X1 实现软互锁),与接触器联锁(KM1 与 KM2 实现外部硬互锁)的双重联锁的正反转控制线路。

任务三 硬件设置

电动机供电的接触器占用 2 个输出端口;输入端口设置正转起动、反转起动和停止 3 个输入继电器;PLC 输出端口保留正转和反转接触器线圈的硬互锁环节,程序中还要另设软互锁。

输入端口的 24 V 电源可以利用 PLC 提供的直流电源,也可以根据功率单独提供电源。若实验用 PLC 的输入端口为继电器输入,也可以用 220 V 交流电源。

1. 分配 I/O 地址

表 2-2-4　I/O 地址分配表

输　　入			输　　出		
输入继电器	输入元件	功　能	输出继电器	输出元件	功　能
X0	SB2	正转启动	Y0	KM1	正转接触器
X1	SB3	反转启动	Y1	KM2	反转接触器
X2	SB1	停止			
X3	FR	过载保护			

2. 画出 I/O 接线图

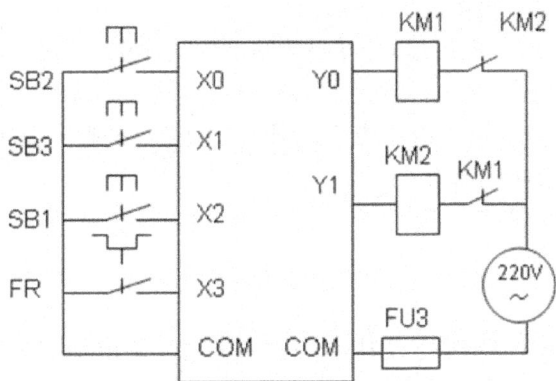

图 2-2-20　PLC 接线原理图

3. 接线

图 2-2-20 中,连接 PLC 输入端点与各输入控制元件之间,输出端点与各输出负载之间的接线。

在输出端口的连线上,应严格按照各负载的额定工作电压要求选择相应的交、直流电源,避免出现因操作不当致使负载不能正常工作或者因明显过压而损毁元件、负载的情况。

同时还应注意区分输出公共端 COM0~COMn 同各个输出信号之间的具体分工和归属问题,再进行正确接线。输入信号共用一个输入公共端 COM。

任务四　编制梯形图程序

根据控制要求可设计出电动机正反转 PLC 参考程序如图 2-2-21 所示。

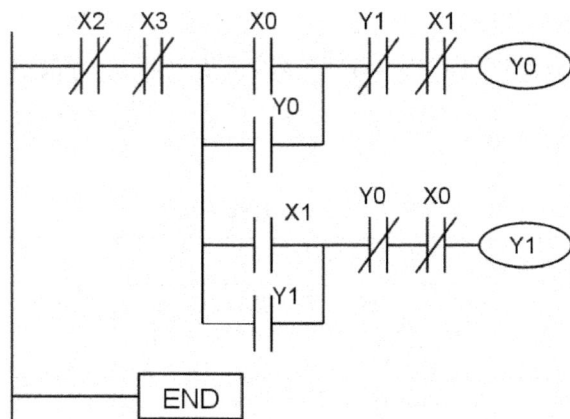

图 2-2-21   电动机正反转参考程序

任务五   运行并调试程序

1. 将梯形图程序输入计算机。

2. 下载程序到 PLC,首先利用 GX Developer 软元件仿真功能对梯形图程序进行调试,观察软元件总体运行情况。

3. 使电路带负载运行,测试电路能否达到预设的正反转控制要求。

4. 调试运行并记录调试结果。

▌ 归纳总结

本项目在对电动机正反转的设计实现的基础上,又增加了一项特殊的功能——GX Developer软元件仿真功能的学习应用。在没有 PLC 的情况下,可以首先用编辑完成的梯形图程序模拟试运行,这在 PLC 测试的时候是经常用到的。这是非常必要的一个环节,增加了学生考虑问题的周密性,为日后设计更复杂的电路奠定了理论知识基础和思维方式。

▌ 课后思考

1. 如果不把热继电器过载作为输入信号考虑,地址应该怎么分配? 程序应该怎么修改?

2. 如果在调试过程中,出现过载保护不能实现的故障,该如何排除?

项目五 实现对电动机 Y—△降压启动控制

▌项目描述

  工业上为了避免大功率电机的启动对电网的冲击,一般采用降压的方法使电机慢慢启动,降压启动是指利用启动设备将电压适当降低后,加到电动机的定子绕组上进行起动,待电动机起动运转后再使其恢复到额定电压正常运转。

  三相异步电动机直接启动时,启动电流一般为额定电流的 4～7 倍,对于能够实现 Y 形接法和△形接法的笼形异步电动机来说,Y—△降压启动是最常用的一种方法。这里利用 PLC 控制软元件代替控制线路实现对笼式电动机的 Y—△降压启动的控制。

▌项目目标

  1. 掌握 PLC 控制系统设计的一般工作流程。

  2. 进一步熟悉 PLC 编程元件的功能、应用以及运用基本指令的编程方法和技巧。

  3. 提高学生独立分析问题、解决问题的能力。

▌知识准备

定时器指令:T

  1. T0～T199 以 0.1 s 为最小时间单位的定时器;T200～T245 以 0.01 s 为最小时间单位的定时器;T246～T249 以 0.001 s 为最小时间单位的积算定时器;T250～T255 以 0.1 s 为最小时间单位的积算定时器。

  2. 定时器的工作原理为:定时器为减 1 计数。当程序进入运行状态后,输入触点接通瞬间定时器开始工作,先将设定值寄存器 SV 的内容装入过程值寄存器 EV 中,然后开始计数。每来一个时钟脉冲,过程值减 1,直至 EV 中内容减为 0 时,该定时器各对应触点动作,即常开触点闭合、常闭触点断开。而当输入触点断开时,定时器复位,对应触点恢复原来状态,且 EV 清零,但 SV 不变。对于积算定时器若在定时器未达到设定时间时断开其输入触点,则定时器停止计时,其过程值寄存器不被清零,且定时器对应触点不动作,直至输入触点再接通,继续计时。

  3. T 定时器常数设定值:K1～K32 767。

项目实施

任务一　读一读电气控制原理图

按照三相异步电动机控制原理图（图 2-2-22）所示。图 2-2-22 中的 FR 为电源开关，当 KM1，KM3 主触点闭合时，电动机 Y 连接；当 KM1，KM4 主触点闭合时，电动机三角形连接。

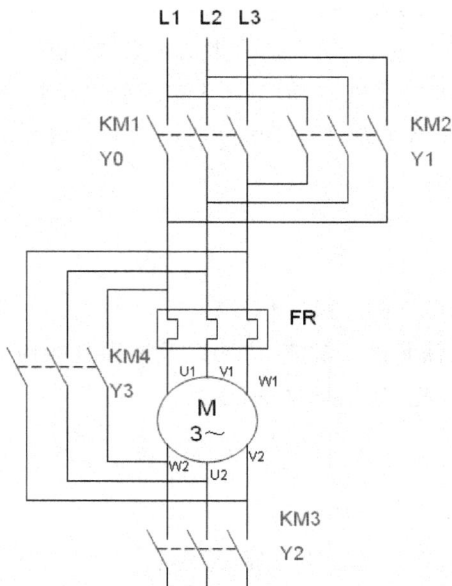

图 2-2-22　三相异步电动机控制原理图

项目的逻辑控制要求：

设计一个三相异步电动机 Y－△降压启动控制程序，要求合上电源开关，按下启动按钮 SB 后，电动机以 Y 连接启动，开始转动 5 s 后，KM3 断电，Y 启动结束；同时 KM4 得电，电路转为三角形运行。

1.按下正转按钮 SB1，电机以 Y－△方式正向启动，5 s 秒后转换成△运行；

2.按下反转按钮 SB2，电机以 Y－△方式反向启动，5 s 秒后转换成△运行；

3.SB3 为停止按钮。

任务二　选定输入输出设备

输入端的 24V 电源可以利用 PLC 提供的直流电源，也可以根据功率单独提供电源。若实验用 PLC 的输入端为继电器输入，也可以用 220V 交流电源。

参照图 2-2-22，为保证电机实际运行的安全，PLC 输出端应保留正、反向主接触器线圈 KM1 和 KM2，Y、三角形接触器 KM3 和 KM4 线圈的硬互锁环节，程序中也要另设软互锁。

1. 分配 I/O 地址。

表 2-2-5　I/O 地址分配表

输　　入			输　　出		
输入继电器	输入元件	功　　能	输出继电器	输出元件	功　　能
X0	SB1	正向启动	Y0	KM1	正向运行
X1	SB2	反向启动	Y1	KM2	反向运行
X2	SB3	停止	Y2	KM3	Y 接触器
			Y3	KM4	△接触器

2. 画出 I/O 接线图。

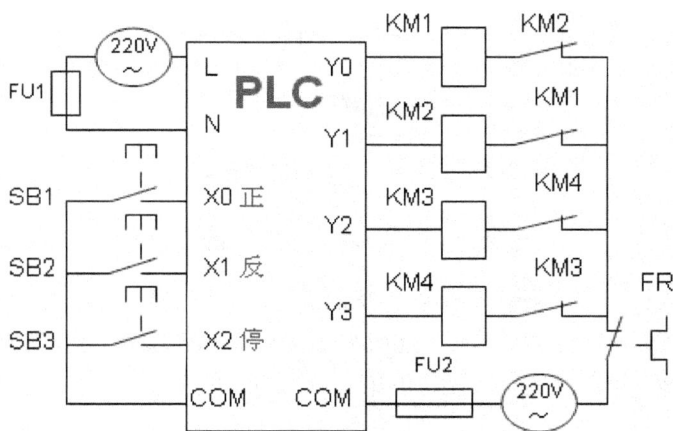

图 2-2-23　PLC 接线原理图

3. 接线。

图 2-2-23 中,完成 PLC 输入端点与各输入控制元件,输出端点与各输出负载之间的接线。

在输出端口的连线上,应严格按照各负载的额定工作电压要求选择相应的交、直流电源,避免出现因操作不当致使负载不能正常工作或者因明显过压而损毁元件、负载的情况。

同时还应注意区分输出公共端 COM0~COMn 与各输出端点之间的具体分工和归属问题,然后再进行正确接线。输入信号共用一个输入公共端 COM。

任务三　编写 PLC 程序

根据基本指令编程规则和控制要求,编写梯形图参考程序,如图 2-2-24。

任务四　运行并调试程序

1. 将梯形图程序输入计算机。

2. 下载程序到 PLC,并对程序进行调试运行。观察电机在程序控制下能否实现自动 Y—三角降压启动。

3. 调试运行并记录调试结果。

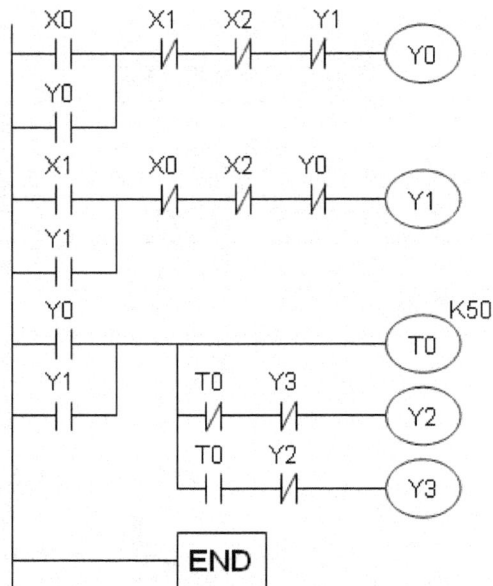

图 2-2-24   Y—△启动运行参考程序

任务五   简单控制原理分析

图 2-2-24 为电机 Y—△降压启动控制的梯形图参考程序。在正常情况下，按下启动按钮 SB1 后，Y0 导通，KM1 主触点动作，这时如 KM1 无故障，则其动合触点闭合，对 Y0 形成自锁，并使 Y2 导通，KM3 主触点动作，绕组达成 Y 形连接电动机正向运转启动。同时，定时器 T0 开始计时，计时 5 s。

如果之前按下启动按钮 SB2，道理与上述一样，只是启动后变为反向运转，这里正方向与反方向在软元件上形成双重互锁。

当 T0 计时 5 s 后，使 Y2 断开，即△启动结束。而 Y3 进入导通状态，KM4 主触点动作，绕组达成△连接，从而实现电机正常运行。

按下停止按钮，Y0 失电，Y1 失电，从而使 Y3 或 Y4 失电，也就是在任何时候，只要按停止按钮，电动机都将停转。

▌归纳总结

项目的控制要求，既有 Y—△降压启动，又有正反转运行的控制。通过设计实现，进一步熟悉了定时器 T 在程序中的应用，同时加深了对于正反转、Y—△降压启动等电工知识的掌握。

▌课后思考

在项目的控制任务中，若只要求实现 Y—△降压启动（正向），假设地址分配表不变，梯形图程序应该如何调整？

项目六 简单皮带输送机运行控制

项目描述

皮带输送机是在输送设备中最常用的一种传输机构,具有使用可靠、输送平稳、输送量大、能耗小、低噪音等优点。其形式多样,适用范围广,特别适合一些散碎原料和不规则物品的输送,广泛应用于工业生产中。

设置性能完善、质量可靠、技术先进的可编程控制器 PLC 控制皮带运输机监控系统,可以实现高自动化的皮带机群的集中控制(包括遥控)及保护。本项目针对较简单的 2 节传送带的工作要求,进行 PLC 的设计控制。

项目目标

1. 掌握 PLC 控制系统设计的一般工作流程。
2. 熟悉 PLC 的编程方法和技巧,熟悉利用经验设计法编写梯形图程序。
3. 提高学生独立分析问题、解决问题的能力。

知识准备

1. 辅助继电器 M。

为了实现具体的逻辑控制,经常需要加入中间继电软元件 M 作为辅助器件,以实现某些特殊的控制要求。

PLC 内有很多的辅助继电器,其线圈与输出继电器一样,由 PLC 内各软元件的触点驱动。辅助继电器也称中间继电器,它没有向外的任何联系,只供内部编程使用。它的电子常开/常闭触点使用次数不受限制。但是,这些触点不能直接驱动外部负载,外部负载的驱动必须通过输出继电器来实现。在 FX_{2N} 中普遍采用 M0～M499,共 500 点辅助继电器。

2. 时序图。

时序图是以时间推进为参照,反映各相关数据变化情况的方波脉冲。

梯形图程序只能静态地反映各个逻辑元件的相互关系,因此,在分析梯形图程序时,常用时序波形图分析方法,描述应用系统所有输入/输出(I/O)逻辑关系,即在时间轴上把相关编程元件的逻辑展开,从而动态地展示各元件之间的逻辑关系。

项目实施

任务一　读一读皮带输送机示意图

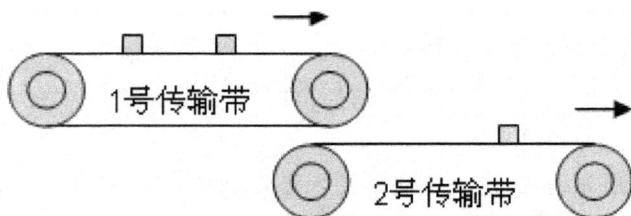

图 2-2-25　皮带输送机工作示意图

图中的 2 条传输带顺序相连,为了避免运送的物料在 2 号传输带上堆积,启动时应先起动 2 号传输带,再启动 1 号传输带。

按下启动按钮后,2 号传输带启动开始运行,延时 5 s 后 1 号传输带自行起动。停机时,按下停止按钮,先停 1 号传输带,延时 10 s 后 2 号传输带自动停止。

任务二　硬件设置

1. 分配 I/O 地址

表 2-2-6　I/O 地址分配表

输　入			输　出		
输入继电器	输入元件	功　能	输出继电器	输出元件	功　能
X0	SB1	启动按钮	Y0	KM1	1 号传输带电动机
X1	SB2	停止按钮	Y1	KM2	2 号传输带电动机

2. I/O 接线图

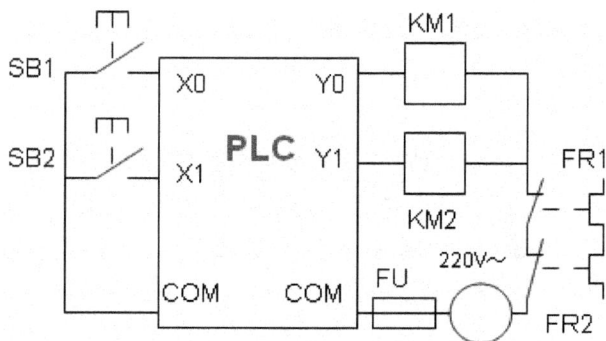

图 2-2-26　PLC 接线原理图

3. 接线

按 2-2-26 原理图完成 PLC 输入端点与各输入控制元件,输出端点与各输出负载之间的接线。

在输出端口的连线上,应严格按照各负载的额定工作电压要求选择相应的交、直流电源,避免出现因操作不当致使负载不能正常工作或者因明显过压而损毁元件、负载的情况。

任务三　梯形图设计

根据控制要求,可设计梯形图参考程序如图 2-2-27 所示。

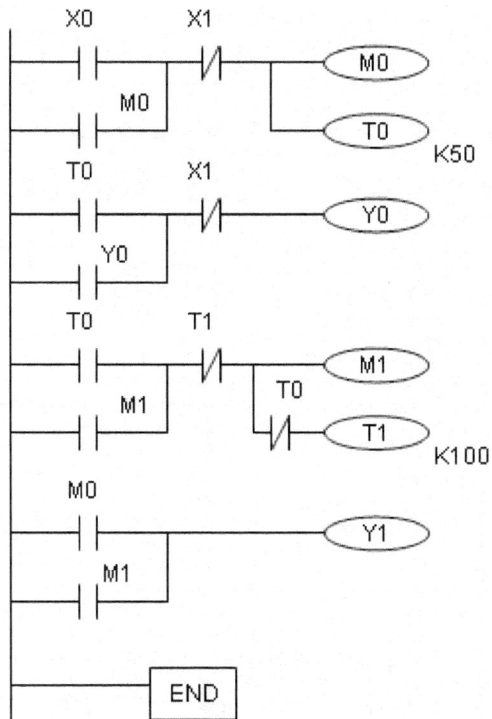

图 2-2-27　梯形图参考程序

图 2-2-27 参考程序中,X0 触点闭合首先通过辅助继电器 M0 使 Y1 得电,2 号运输机启动运行。同时触发定时器 T0 得电 5 s 延时,5 s 后 Y0 通电,1 号运输机自行启动运行,完成顺序起动。同时 T0 延时触点闭合带动另一个辅助继电器 M1 得电,为逆序停止做好准备。

当 X1 动作常闭触点断开时,引起 M0、T0、Y0 断电,1 号运输机停止,同时在 M1 回路中定时器 T1 得电开始计时,10 s 后 M1 断电,Y1 停止运转。

图 2-2-28 是 PLC 控制 2 节传送带运行的时序参考图,图 2-2-28 中 X 触点闭合为"1"状态,断开为"0"状态;线圈得电为"1"状态,失电为"0"状态。

在本控制要求中,逻辑上比较难以处理的环节是顺序起动之后的逆序停止,因此加入 M0、M1 作为辅助器件,以实现对于逆序停止的控制要求。这在梯形图设计上称为经验设计

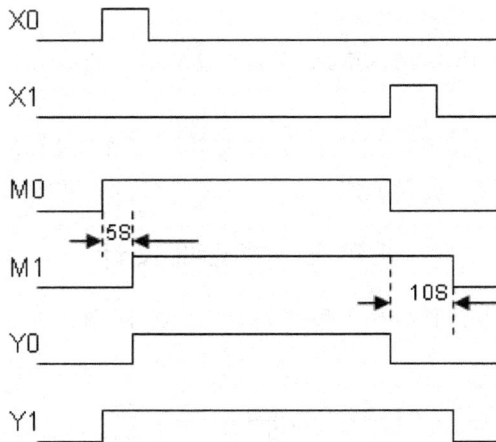

图 2-2-28　PLC 控制两节传送带运行的时序参考图

法,对于比较复杂的控制要求,实现起来有一定难度。在顺序控制上,推荐使用状态(顺序控制)设计法。

<h2 style="text-align:center">任务四　运行并调试程序</h2>

1. 将梯形图程序输入计算机。

2. 下载程序到 PLC,并对程序进行调试运行。观察电机在程序控制下能否实现两节传送带顺序起动、逆序停止。

3. 调试运行并记录调试结果。

▌归纳总结

本项目以基本指令实现对 2 节传送带启动、停止的设计,体现了经验设计法在梯形图设计上的思路价值,学习了辅助继电器在梯形图程序中的正确应用,增强学生独立把握问题、解决问题的能力。

▌课后思考

为应对工作过程中出现突发事故的状况,需要另设紧急停止按钮,在特殊情况下按下紧急停止按钮,使 1 号、2 号传输带立即停止工作。请针对任务二和三,对硬件设置和 PLC 梯形图程序做出恰当的修改。

项目七 利用 SET、RST 指令实现天塔之光控制

项目描述

　　天塔之光是利用彩灯对铁塔进行装饰，从而达到烘托的效果。在我们生活的城市，每到华灯初上的时候，广场路牌、楼宇外墙、LED 户外广告都给城市的夜景装饰带来了五颜六色的活力。对于灯光的要求，针对不同的场合对彩灯的运行方式有着不同的要求，从而达到相应的烘托效果。

项目目标

　　1. 通过该任务掌握 SET、RST 指令的特点，对控制任务进行编程。
　　2. 学会定时器扩展方法，会用定时指令编写程序。
　　3. 提高学生独立分析问题、解决问题的能力。

知识准备

SET 和 RST 指令

　　1. 置位指令 SET：是当执行条件为 ON 时，将指定的继电器置为 ON 并保持。
　　2. 复位指令 RST：是当执行条件为 ON 时，将指定的继电器置为 OFF 并保持。

表 2-2-7　SET 和 RST 指令表

符号、名称	功　能	电路表示及操作元件	程序步骤
SET（置位）	令线圈保持 ON 状态	⊣⊢ SET Y,M,S	1～3
RST（复位）	令线圈保持 OFF 状态	⊣⊢ RST Y,M,S,T,C,D,Z,V	1～5

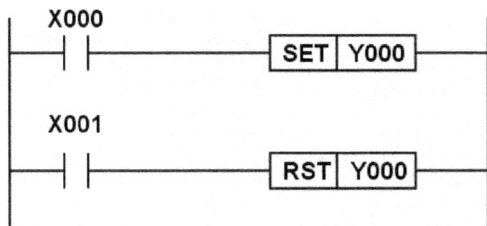

图 2-2-29　SET、RST 梯形图

在图 2-2-29 中：

（1）X000 一接通，即使再断开，Y000 仍保持获电状态。

（2）只要 X001 接通（即使瞬间），Y000 即刻失电。

（3）同一元件多次使用 SET、RET 指令时，最后执行者有效。

项目实施

任务一　读一读天塔之光工作示意图

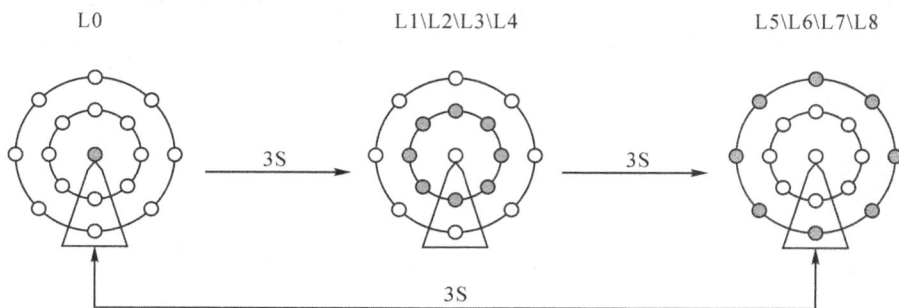

图 2-2-30　天塔之光

图 2-2-30 中，系统的控制要求：

按下启动按钮后，会按以下规律显示：L0→L1、L2、L3、L4→L5、L6、L7、L8→L0……如此循环，周而复始。当按下停止按钮，系统停止，所有灯都熄灭。

任务二　方案设计

先根据系统控制要求，设计出程序流程图，然后画出梯形图。

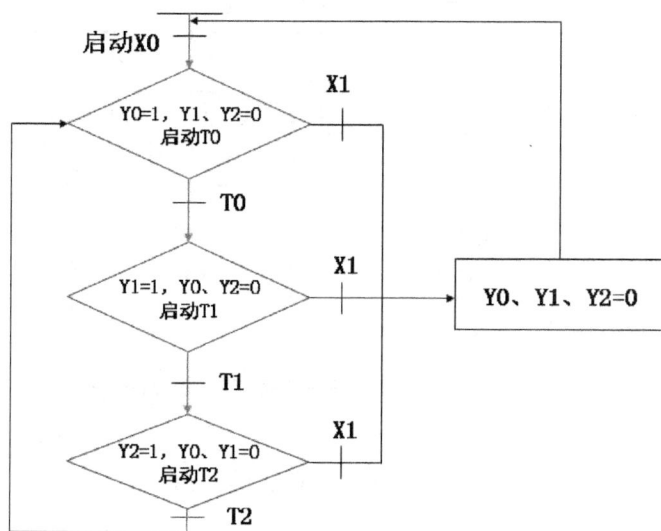

图 2-2-31　程序流程图

任务三 硬件设置

1. 分配 I/O 地址

表 2-2-8 I/O 地址分配

输入电器	输入点	输出电器	输出点
启动按钮	X0	彩灯 L0	Y0
停止按钮	X1	彩灯 L1、L2、L3、L4	Y1
		彩灯 L5、L6、L7、L8	Y2

2. 画 I/O 接线图

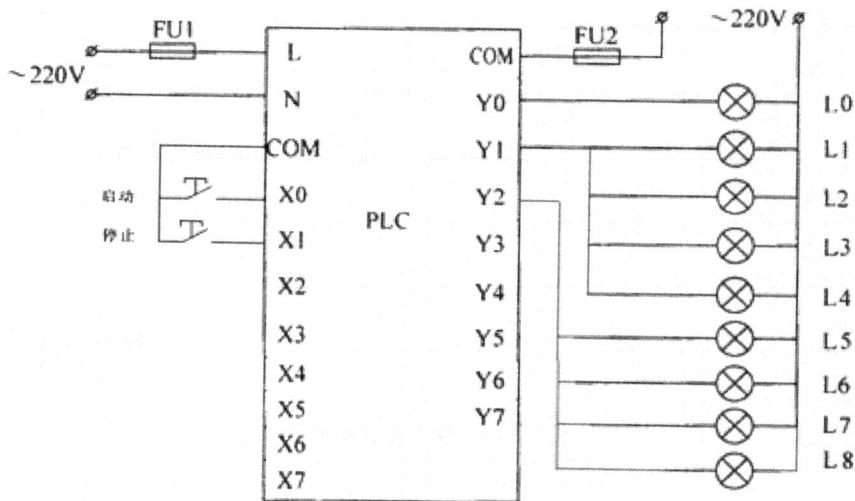

图 2-2-32 PLC 接线原理图

3. 接线

图 2-2-32 中,连接 PLC 输入端点与各输入控制元件之间,输出端点与各输出负载之间的接线。

在输出端口的连线上,应严格按照各负载的额定工作电压要求选择相应的(交直流)电源,避免出现因操作不当致使负载不能正常工作或者因明显过压而损毁元件、负载的情况。

任务四 编制梯形图程序

根据图 2-2-31 程序流程图,设计梯形图参考程序(图 2-2-33)。

任务五 运行并调试程序

1. 将梯形图程序输入计算机。

2. 下载程序到 PLC,并对程序进行调试运行,观察电路能否达到预设的自动运行的控

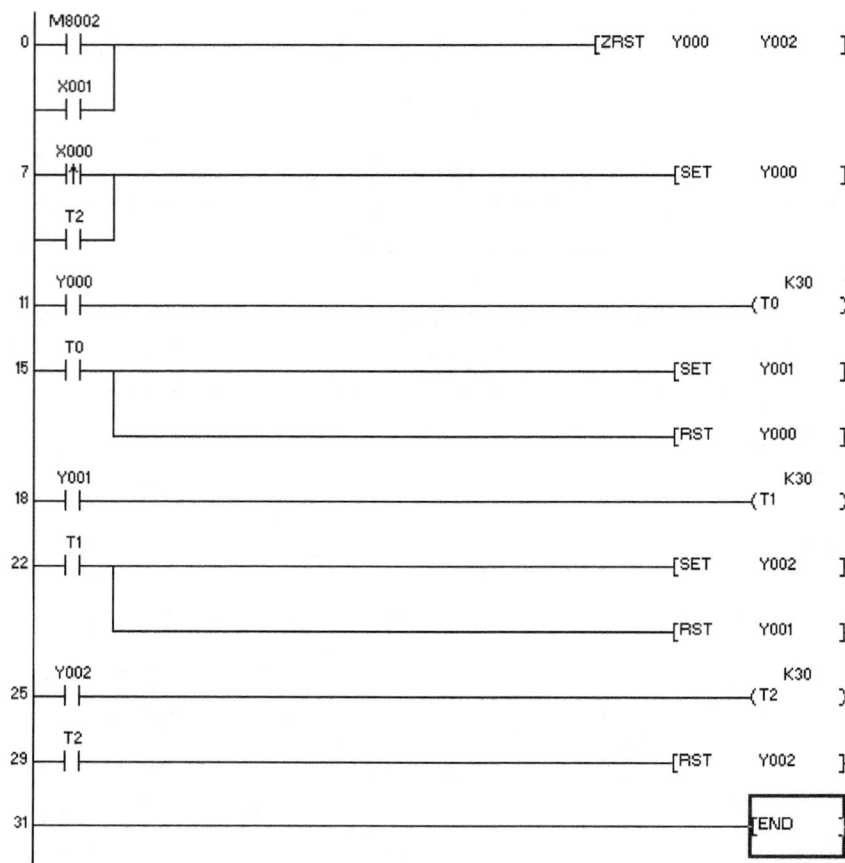

图 2-2-33　梯形图参考程序

制要求。

3. 调试运行并记录调试结果。

归纳总结

本项目通过对天塔之光的 PLC 控制的设计实现,不仅学会应用定时器的定时、置位、复位功能,还学会了一个输出端可与多个指示灯相连接的方法。

课后思考

1. 若在上述的项目中,加入彩灯闪烁功能,应如何修改程序?

2. 若上述项目中,循环次序变为 L0→L1、L2、L3、L4→L5、L6、L7、L8→L1→L0……此时,硬件连线有何变化? 程序应如何修改?

模块三　步进顺序控制指令应用

第一部分 顺序控制与步进指令

1. 步进指令

在实际应用中许多控制过程是步进顺序控制,这类顺序控制系统如果采用继电器梯形图编制则比较繁琐,而且编出来的程序复杂难以读懂。在编程中利用步进梯形指令(STL 指令)可以让控制系统中每道工序的设备所起的作用以及整个控制工艺流程都能表达得通俗易懂,程序设计也因此变得容易,有利于程序调试、维护、修改和故障排除等,也易于初学者掌握。

步进梯形指令简称为 STL 指令,FX 系列 PLC 还有一条使 STL 指令复位的 RET 指令,如表 3-1-1 所示。利用这两条指令,可以很方便地编制顺序控制梯形图程序。

表 3-1-1　STL 指令表

助记符,名称	功　能	回路表示和可用软元件	程序步骤
STL 步进梯形指令	步进梯形图开始	S ⊣STL⊢　　◯	1
RET 返回	步进梯形图结束	──RET──	1

1.1 步进指令的功能

STL:步进开始。

梯形图符号:─┤├─ 或 ─┤STL├─

操作元件:状态器 S0~S999。

RET:步进结束。

梯形图符号:─RET─ 表示状态结束返回主程序(左母线)。

1.2 STL 指令的应用特点

STL 指令是利用内部状态寄存器 S,以一个状态 S(也叫一步)为控制单位,在控制程序中借助工艺条件控制状态间的转移,从而实现顺序控制。

一个完整的 STL 指令可包括处理对象、转移目标及转移条件 3 部分。它的优点是程序编写简单明了,逻辑性与可读性强,并具备转移源自动复位功能。即用 STL 指令时,新的状态器 S 被置位,前一个状态器 S 将自动复位。

如图 3-1-1，在 S20 状态下处理对象为 Y0，转移条件为 X0，转移目标是 S21。当转移条件 X0 接通，则状态发生转移，由状态 S20 转移至 S21，S20 状态则自动复位，同时 Y0 状态也自动复位。

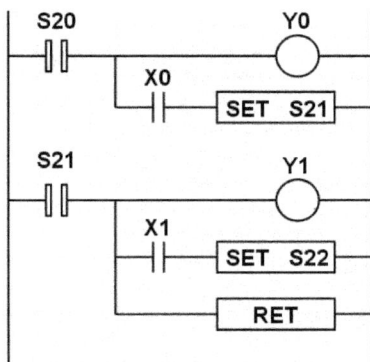

图 3-1-1　SET、RET 指令梯形图

使用 STL 指令不仅可以简单、直观地表示顺序操作的流程图，而且可以非常容易地设计多流程顺序控制，并且能够减少程序指令数，程序容易理解。

2. 状态转移图

状态转移图也叫顺序功能图（Sequential Function Chart，SFC），是步进编程的重要工具，包含了步进编程的全部要素。使用 STL 指令编程时，一般先绘制状态转移图（SFC），再由状态转移图转换成步进梯形图（STL）。

一个顺序控制过程可以分为若干个状态（阶段），每个状态具有不同的动作，相邻状态之间由转换条件得到满足后进行转换。如图 3-1-2 所示。

图 3-1-2　状态转移图

描述上述过程的方框图称为状态转移图（SFC）

2.1　认识状态转移图

实例：图 3-1-3 是为组合机床动力头运动控制编制的状态流程图（部分）。

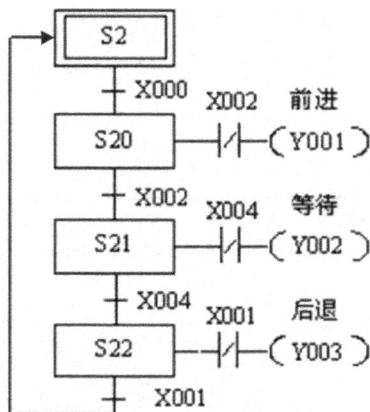

图 3-1-3 组合机床动力头运动控制状态转移图

由图 3-1-3 可看出,它将一个复杂的控制过程,分解成若干个工步,起到了化难为简的作用,也符合结构化程序设计的特点。

在图 3-1-3 SFC 中。

第 1 工步:初始状态 S2,按下 S2,常开 X000 接通,转移条件满足,状态转移进入 S20。电动机 M 正转,动力头 1 前进。

第 2 工步:当动力头 1 压下终点限位开关 SQ2 时,常开 X002 接通,常闭 X002 断开,状态从 S20 转移到 S21。在 S21 状态,因常闭 X002 断开,输出线圈 Y001 失电,电机停转,动力头 1 处在等待状态。同时,因常开 X002 闭合,将同时启动动力头 2 前进。

第 3 工步:当动力头 2 压下终点限位开关 SQ4 时,常开 X004 接通,状态从 S21 转移到 S22。在 S22 状态,常开 X004 接通,输出线圈 Y003 得电,电机 M 反转,动力头 1 后退。当动力头 1 到达原位后压下原位行程开关 SQ1,使常闭 X001 断开,电动机 M 停转,动力头停在原位,完成一次工作循环。

2.2 设计状态转移图

针对上述组合机床动力头运动控制,如何设计出合理的状态转移图呢?下面 3 个步骤可以给同学们提供设计的思路。

1. 状态分配

工作过程按工步分解,工步对应状态,状态分配如下表 3-1-2:

表 3-1-2 状态分配表

工步号	状态号	状态输出	状态转移
原位	S2	PLC 初始化	X000:S2→S20
第 1 工步	S20	Y001 输出,M 正转,前进	X002:S20→S21
第 2 工步	S21	Y001 失电,M 停转,等待	X004:S21→S22
第 3 工步	S22	Y003 输出,M 反转,后退	X002:S22→S2

2.状态输出

状态输出是要明确每个状态的负载驱动和功能。比如 S20 状态为 Y001 输出,在外部体现为驱动电机 M 正转,动力头 1 前进。

3.状态转移

状态转移是要明确状态转移条件和方向。转移条件 X000 成立时,将从状态 S2 到 S20,即动力头 1 前进;转移 X002 成立时,将从 S20 转移到 S21,即动力头 1 等待;转移条件 X004 成立时,将从 S21 转移到 S22,即动力头 1 后退;转移条件 X001 成立时,将从 S22 回到初始状态 S2。

例　如何画状态转移图

如图 3-1-4,小车在 A、B 两地间送料,可正向或反向启动,两处均装有行程开关,B 处停车10 s 装料。正向启动,循环工作。

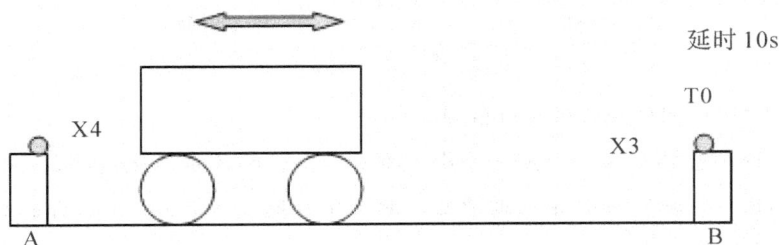

图 3-1-4　运料小车示意图

I/O 地址分配如表 3-1-3:

表 3-1-3　I/O 地址分配表

输入信号		输出信号	
前进启动按钮	X0	前进	Y0
后退启动按钮	X1	后退	Y1
停止按钮	X2		
A 限位行程开关	X3		
B 限位行程开关	X4		

状态转移图设计如图 3-1-5 所示,其中图 3-1-5(a)为单一顺序,图 3-1-5(b)为选择顺序。

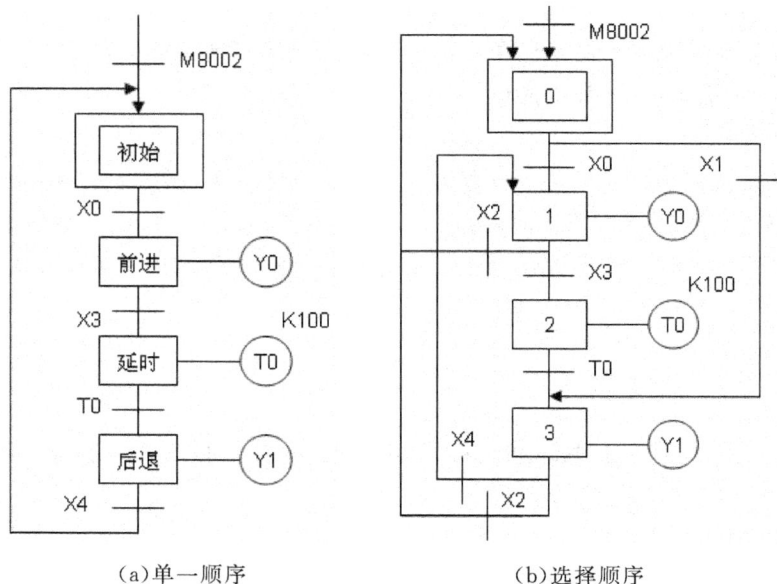

(a)单一顺序　　　　　　(b)选择顺序

图 3-1-5　状态转移图

★ 编制状态转移图(SFC)的注意事项：

(1)状态转移图必须是由一个或两个由方框和有向连线组成的闭环,即完成一个生成工艺的全过程后,最后一步必须有条件地返回。对于单周期工作方式,返回初始步;对连续(循环)工作方式,则返回到第一步。

(2)SFC 要能准确地运行,必须用适当的转换条件将初始步置为活动步,一般用初始化脉冲 M8002 的常开触点作为转换条件。

(3)状态继电器 S 是构成状态转移图的基本元件,共有 1 000 个状态器可供使用,其中：

S0～S9 为初始状态软元件,要用双线框表示;

S10～S19 在多运行模式控制中用作返回原点的状态;

S20～S499 为中间状态软元件,用单框表示;

S500～S899 为停电保持状态软元件,在停电恢复后继续原状态运行;

S900～999 用作报警元件。

3. 状态转移图与步进梯形图程序的转换

状态转移图是将基于状态的流程以机械控制的流程来表示,而 STL 图则是以继电器梯形图的风格来表示。两者的不同之处在于：用步进指令对状态器的触点编程,该触点用梯形图符号表示。用状态继电器代表功能图的各步,每一步都具有 3 种功能：负载的驱动、转换条件和转换目标。

下图是根据状态转移图转化为梯形图程序的实例。其中图 3-1-6 为单一顺序,图 3-1-7 为选择顺序,图 3-1-8 为并行顺序,三者均为顺序控制在实际应用中的典型案例,请同学们参考。

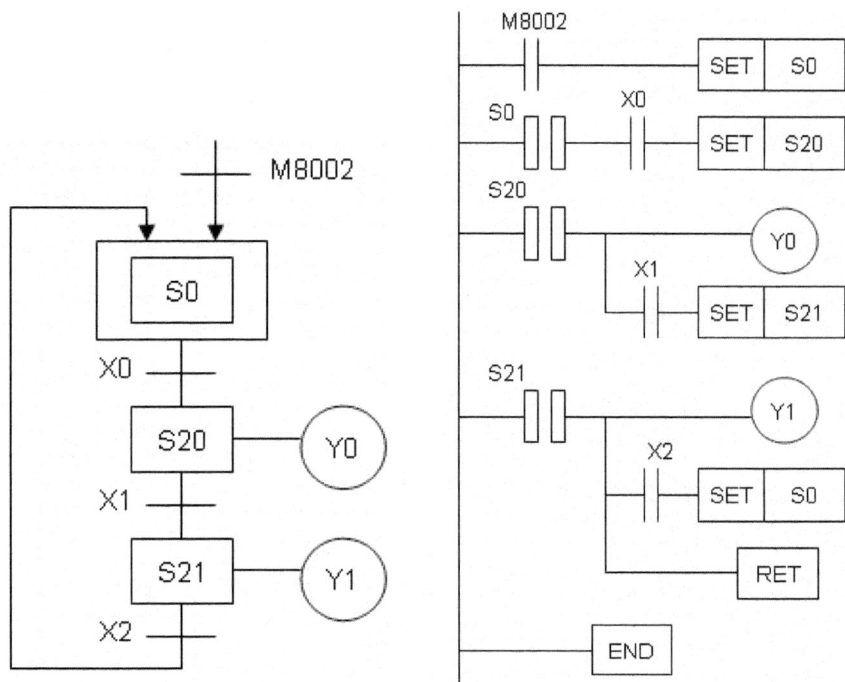

图 3-1-6 单一顺序控制

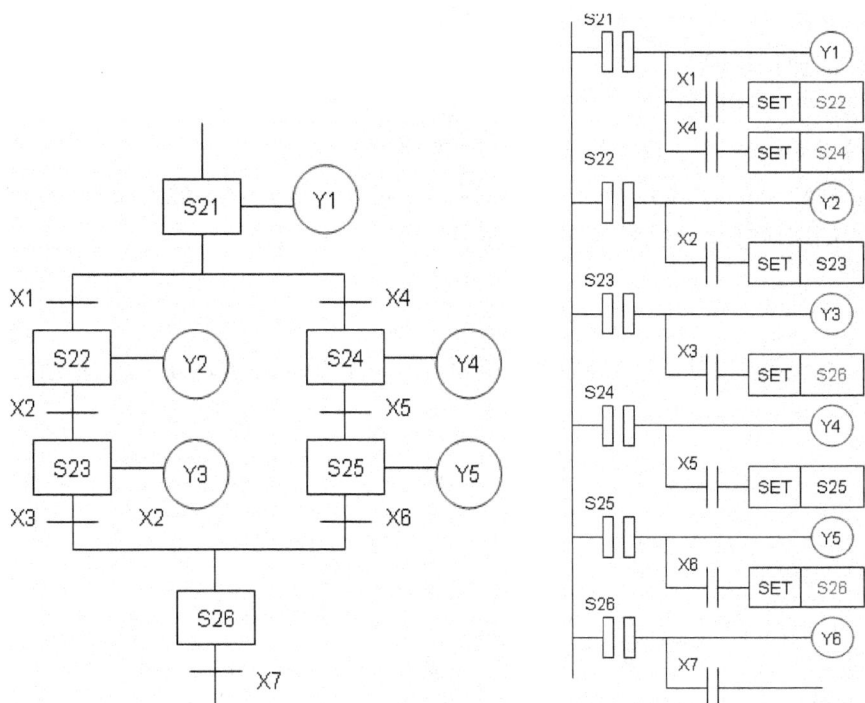

图 3-1-7 选择顺序控制

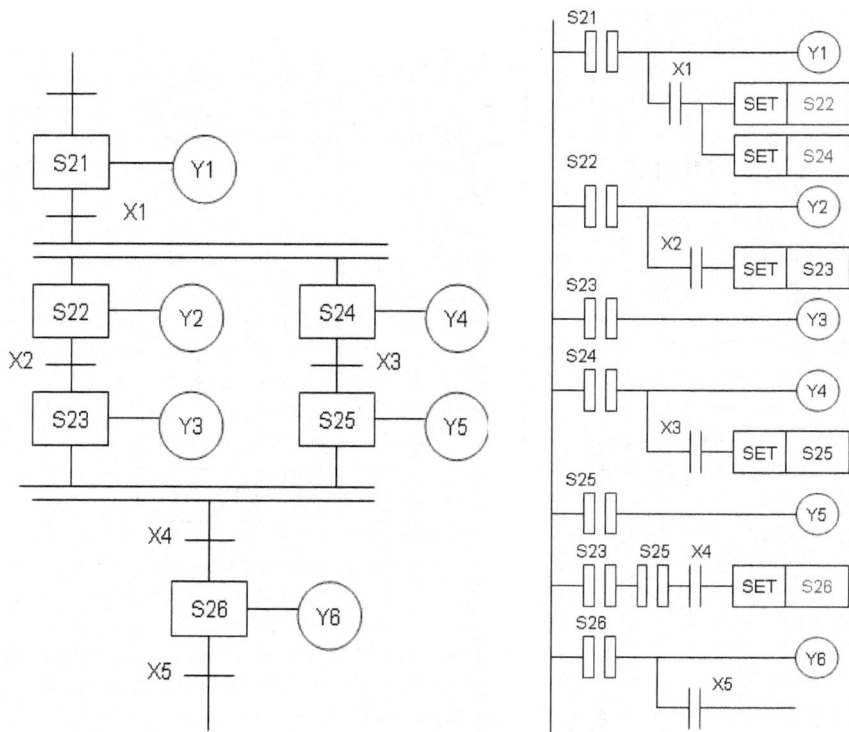

图 3-1-8 并行顺序控制

★ STL 指令的使用说明

(1)步进梯形图指令 STL 只有与状态继电器 S 配合才具有步进功能。

(2)程序的最后必须使用步进结束指令 RET,返回主母线。

(3)在步进顺序控制中,必须用初始化脉冲 M8002 的常开触点作为转换条件,将初始步预置为活动步,否则因顺序功能图中没有活动步,系统将无法工作。

实例分析:

图 3-1-9 是 4 台电动机按顺序依次启动和逆序停止的状态转移图,据图写出步进指令梯形图程序。

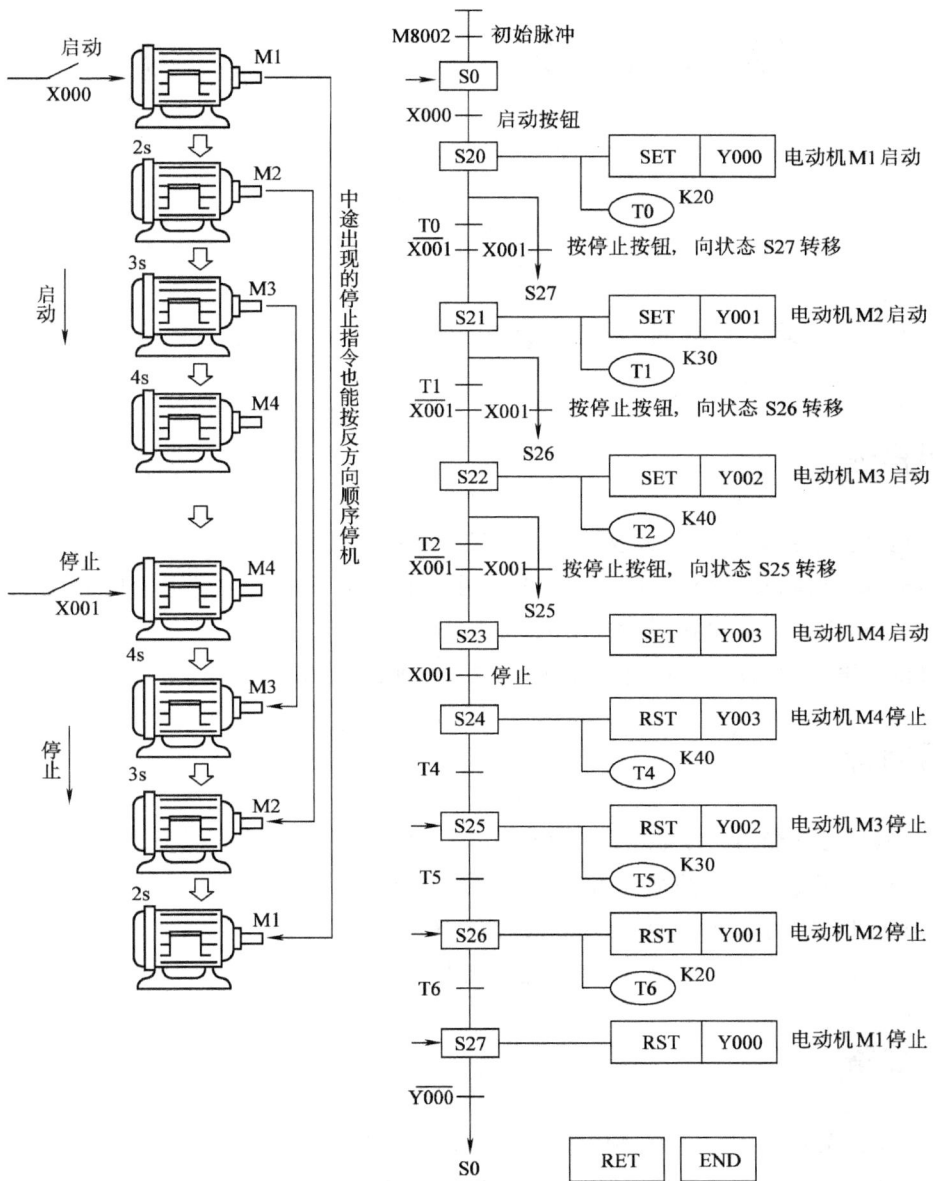

图 3-1-9　4 台电动机按顺序依次启动和逆序停止的状态转移图与步进指令梯形图程序

第二部分　综合实训

项目一　小车运料控制——单向顺序

▌项目描述

　　工程实例:运料小车是工业运料的主要设备之一。广泛应用于自动生产线、冶金、有色金属、煤矿、港口、码头等行业,各工序之间的物品常用有轨小车来转运。用 PLC 程序实现运料小车自动往返顺序控制,具有程序设计简易、方便、可靠性高等特点,程序设计方法多样,本项目讨论的是利用顺序控制法设计实现对小车运料的控制。

▌项目目标

　　1. 了解状态功能图编程思想,具备分析系统工艺流程并能据此绘制状态功能图的能力。
　　2. 学会利用状态功能图编程语言解决顺控问题。
　　3. 掌握步进指令在单向顺序控制中的应用和编程技巧。
　　4. 提高学生独立分析问题、解决问题的能力。

▌知识准备

　　1. 限位开关:限位开关就是用以限定机械设备的运动极限位置的电气开关。又称行程开关,可以安装在相对静止的物体上,当移动物接近静止物时,开关的连杆驱动开关的接点引起闭合的接点分断或者断开的接点闭合。由开关接点开、合状态的改变去控制电路和电动机。

图 3-2-1　行程开关

2.ZRST,区间复位指令:若要对某个区间状态进行复位,可用区间复位指令 ZRST 进行成批复位处理。

3.M8002 指令:初始脉冲(动合触点),也叫上电脉冲。在 PLC 运行开始一瞬间接通,自动发出宽度为一个扫描周期的单窄脉冲信号,之后一直断开,一般用于上电复位。

4.S 状态器:是使用步进指令的基本元件,共有 1 000 个状态器。其中编号 S0~S9 叫初始状态器,S0~S9 用于初始步。S10~S19 用于自动返回原点。S20~S499 是后续动作工序的分配状态。S500~S899 其工作原理为掉电保护软元件,即在停电状态下也能保持当前的动作。S900~999 用作报警元件。

项目实施

任务一　读一读小车运料示意图

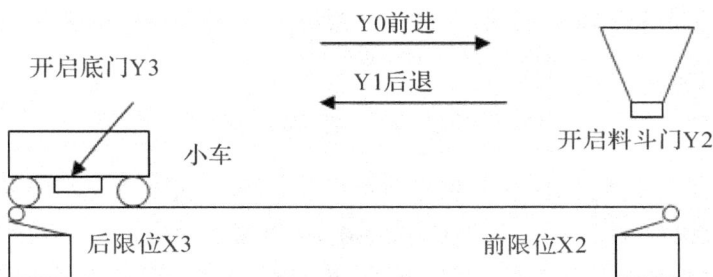

图 3-2-2　小车运料

如图 3-2-2 所示,项目的逻辑控制要求:

1.小车原处后端,后限位行程开关 X3 压下为 ON;

2.若启动 X0(按钮开关)则小车前进;

3.碰前限位行程开关 X2 为 ON,电磁阀 Y2 打开,延时 10 s 装料;

4.延时结束,小车自动后退,至后限位压下 X3,电磁阀 Y3 打开,延时 6S 卸料。卸料完成如需继续运行重新启动 X0。

任务二　方案设计

先将控制工艺分解为若干个连续的顺序状态,然后确定状态间的转移条件和处理对象,最后画出梯形图。

1. 状态分配。

工作过程按工步分解,工步对应状态,状态分配如表 3-2-1:

表 3-2-1　状态分配表

工步号	状态号	状态输出	状态转移
原位	S0	PLC 初始化	X3　后限位:X0 启动:S0→S20

工步号	状态号	状态输出	状态转移	
第 1 工步	S20	Y0 输出,小车前进	X2	前限位:S20→S21
第 2 工步	S21	Y2 输出装料,T0 输出延时 10 s	T0	延时 10 s:S21→S22
第 3 工步	S22	Y1 输出,小车后退	X3	后限位:S22→S23
第 4 工步	S23	Y3 输出卸料,T1 输出延时 6 s	T1	延时 6 s:S23→S0

2. 状态输出。

明确每个状态的负载驱动和功能,如表 3-2-1。

3. 状态转移。

明确状态转移条件和方向:转移条件 X0 与 X3 成立时,将从状态 S0 转移到 S20,即小车前进;转移条件 X2 成立时,将从 S20 转移到 S21,即装料电磁阀打开,并设置 T0 延时 10 s 等待;转移条件 T0 成立时,将从 S21 转移到 S22,即小车后退;转移条件 X3 成立时,将从 S22 转移到 S23,即卸料电磁阀打开,同时设置 T1 延时 6 s 等待卸料;转移条件 T1 成立时,将从 S23 回到初始状态 S0。

任务三　硬件设置

小车通常采用电动机驱动,电动机正转小车前进,电动机反转小车后退。因为小车在运动过程中有左行和右行,我们使用 PLC 输出端 Y0 控制电动机正转、Y1 控制电动机反转来实现小车左行和右行。小车的正反转用 KM1 和 KM2 控制,KM1 常闭触点与 KM2 线圈串联、KM2 常闭触点与 KM1 线圈串联以实现硬互锁。

用 X2 和 X3 作为限位条件控制小车的停止、开启料斗门 Y2 完成自动装料,和开启底门 Y3 完成自动卸料。

1. 分配 I/O 地址

表 3-2-2　I/O 地址分配表

输入信号			输出信号		
输入继电器	输入元件	功　能	输出继电器	输出元件	控　制
X0	启动开关	前行	Y0	前进接触器	KM1
(X1)	(停止开关)	(停止)	Y1	后退接触器	KM2
X2	前行程开关	前限位	Y2	装料电磁阀	YA1
X3	后行程开关	后限位	Y3	卸料电磁阀	YA2

2. 画 I/O 接线图

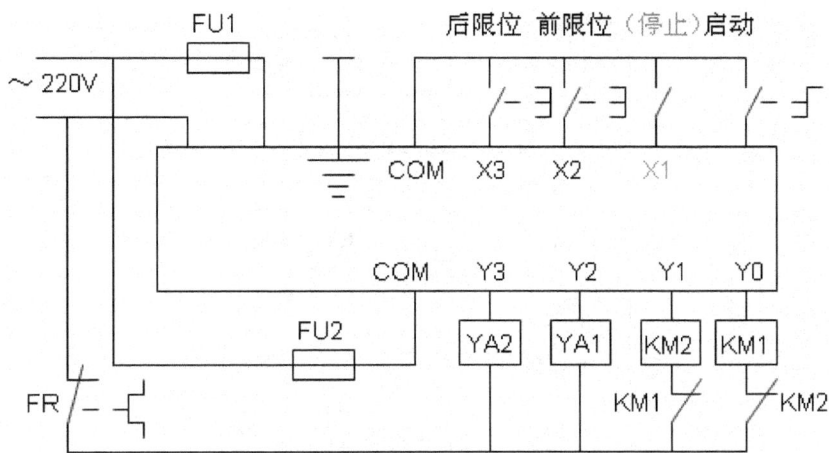

图 3-2-3　PLC 接线原理图

3. 接线

图 3-2-3 中,连接 PLC 输入端点与各输入控制元件之间,输出端点与各输出负载之间的接线。

在输出端口的连线上,应严格按照各负载的额定工作电压要求选择相应的交、直流电源,避免出现因操作不当致使负载不能正常工作或者因明显过压而损毁元件、负载的情况。

同时还应注意区分输出公共端 COM0～COMn 同各个输出信号之间的具体分工和归属问题,再进行正确接线。输入信号共用一个输入公共端 COM。

任务四　绘制状态转移图并编制梯形图程序

根据前述方案设计表 3-2-1,绘制状态转移图,如图 3-2-4 所示。梯形图程序请参考图 3-2-5。

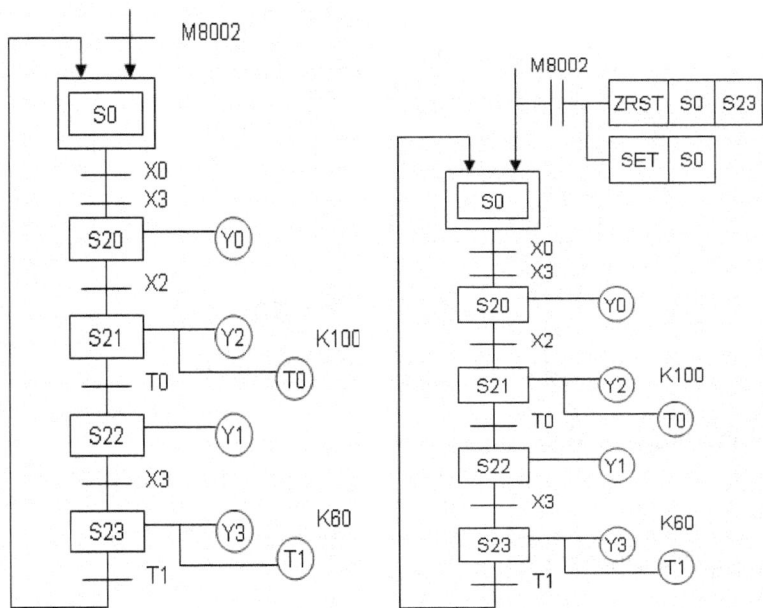

图 3-2-4　状态转移图

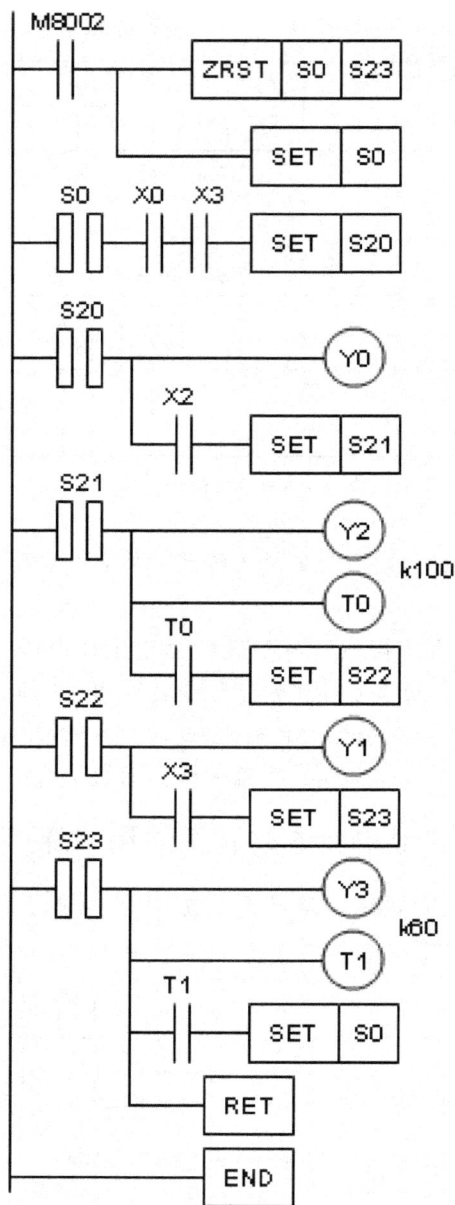

图 3-2-5 梯形图参考程序

任务五 运行并调试程序

1. 将梯形图程序输入计算机。

2. 下载程序到 PLC,并对程序进行调试运行,观察电路能否达到预设的自动运行的控制要求。

3. 调试运行并记录调试结果。

归纳总结

　　本项目通过小车运料控制任务的设计实现，突出了状态图设计法的特性，对状态图设计法有了更进一步的认识，初步完成了对状态转移图的绘制能力和步进指令的应用能力的检验，并将在此基础上得到加强。

课后思考

　　上述小车运料实现的是单循环运行，即在一个往返完成后需要重新启动。但实际生产中，经常要求小车实现自动往返循环运行，如要达到预期的目的，在方案设计上应如何改进？请重新画出状态转移图和编写梯形图程序。

项目二 小车运料——选择顺序

▌项目描述

目前,在自动化生产线上,有些生产机械的工作台需要按一定的顺序实现选择位置,并且有的还要求在某些位置有一定的时间停留,以满足生产工艺要求。用 PLC 程序实现运料小车的选择顺序控制,不仅具有程序设计简易、方便、可靠性高等特点,而且程序设计方法多样,便于学生的理解和掌握。

▌项目目标

1. 学会利用状态功能图编程语言解决顺控问题。
2. 掌握步进指令在选择顺序控制中的应用和编程技巧。
3. 提高学生独立分析问题、解决问题的能力。

▌知识准备

1. 限位开关、M8002 指令和 S 状态器在前项目中已有介绍,不再赘述。
2. 选择顺序控制。

在顺序控制过程中,因其是把一个运动系统分成若干个顺序相连的阶段,各阶段按照一定的顺序进行自动控制的方式。在一个阶段向下一阶段进化的时候,不同的条件决定着不同的输出结果和状态,当状态转移图的流程发生分支时,便形成选择序列。

在选择序列的分支处转换符只能标在水平线之下,选择序列的结束称为合并,转换符只能标在水平线之上。例如图 3-2-6 所示选择序列结构。

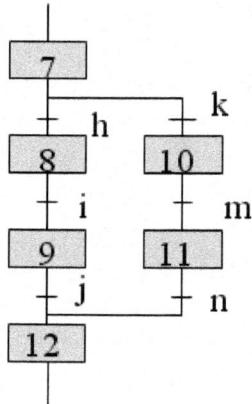

图3-2-6 选择序列结构图

7 为活动步。若 h＝1,则发生 7→8 步转换;若 k＝1,则发生 7→10 步转换。同理若 9 为活动步,且 j＝1,则发生 9→12 步转换;若 11 为活动步且 n＝1,则发生 11→12 步转换。通常转换条件 h 与 k 互拆,即不同时具备。

项目实施

任务一　读一读小车运料示意图

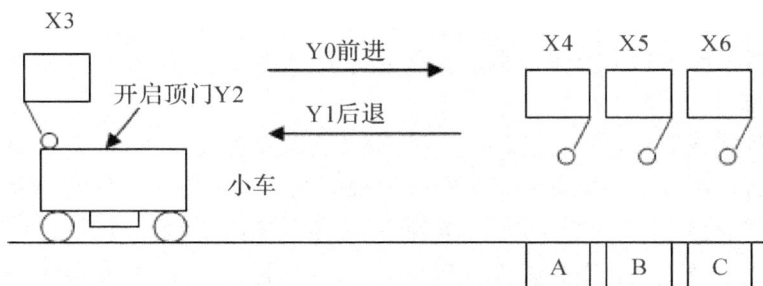

图 3-2-7　小车运料示意图

图 3-2-7 中,项目的逻辑控制要求如下:

1. 小车原处后端,限位行程开关 X3 压下为 ON;

2. 小车在左边可装运 3 种物料中的 1 种,右行自动选择对应 A、B、C 处卸料。X0、X1 检测信号组合可决定何处卸料;X0、X1＝11,A 处;X0、X1＝01,B 处;X0、X1＝10,C 处。

卸料时间 20 s 后,小车返回原位待命(左限位开关 X3 为 ON)。

任务二　方案设计

先将控制工艺分解为若干个连续的顺序、选择状态,然后确定状态间的转移条件和处理对象,最后画出梯形图。

1. 状态分配。

工作过程按工步分解,工步对应状态,状态分配如表 3-2-3:

表 3-2-3　状态分配表

工步号	状态号	状态输出	状态转移
原位	S0	PLC 初始化	X2 启动 X0、X1＝11,A 处: S0→S20 X0、X1＝01,B 处: S0→S30 X0、X1＝10,C 处: S0→S40

工步号	状态号	状态输出	状态转移
第 1 工步	S20 S30 S40	Y0 输出,小车前进 Y0 输出,小车前进 Y0 输出,小车前进	X4 前限位:S20→S50 X5 前限位:S30→S50 X6 前限位:S40→S50
第 2 工步	S50	Y2 输出卸料 T0 输出延时 20 s	T0 延时 20 s:S50→S51
第 3 工步	S51	Y1 输出　小车后退	X3 后限位:S51→S0

2. 状态输出。

明确每个状态的负载驱动和功能。如表 3-2-3。

3. 状态转移。

明确状态转移条件和方向:转移条件 X2、X3 成立,当 X0、X1＝11 时,将从状态 S0 转移到 S20;当 X0、X1＝01 时,将从状态 S0 转移到 S30;当 X0、X1＝10 时,将从状态 S0 转移到 S40;即小车分别前进至 A、B、C 3 处;转移条件 X4、X5、X6 成立时,将从 S20、S30、S40 转移到 S50,即卸料电磁阀打开,并设置 T0 延时 20 s 等待;转移条件 T0 成立时,将从 S50 转移到 S51,即小车后退;转移条件 T0 成立时,将从 S51 回到初始状态 S0。

任务三　硬件设置

小车通常采用电动机驱动,电动机正转小车前进,电动机反转小车后退。因为小车在运动过程中有左行和右行,我们使用 PLC 输出端 Y0 控制电动机正转、Y1 控制电动机反转来实现小车左行和右行。小车的正反转用 KM1 和 KM2 控制,KM1 常闭触点与 KM2 线圈串联、KM2 常闭触点与 KM1 线圈串联以实现硬互锁。

用 X2 和 X3 作为限位条件控制小车的停止;X0、X1 作为选择条件,选择 A、B、C 3 个位置;开启底门 Y2 完成自动卸料。

1. 分配 I/O 地址

表 3-2-4　I/O 地址分配表

输入信号			输出信号		
输入继电器	输入元件	作用功能	输出继电器	输出元件	控　制
X0	SB1	选择开关	Y0	接触器 KM1	右行
X1	SB2	选择开关	Y1	接触器 KM2	左行
X2	SB3	启动按钮			
X3	SQ1	左限位			
X4	SQ2	A 处位置			
X5	SQ3	B 处位置			
X6	SQ4	C 处位置			

2. 画 I/O 接线图

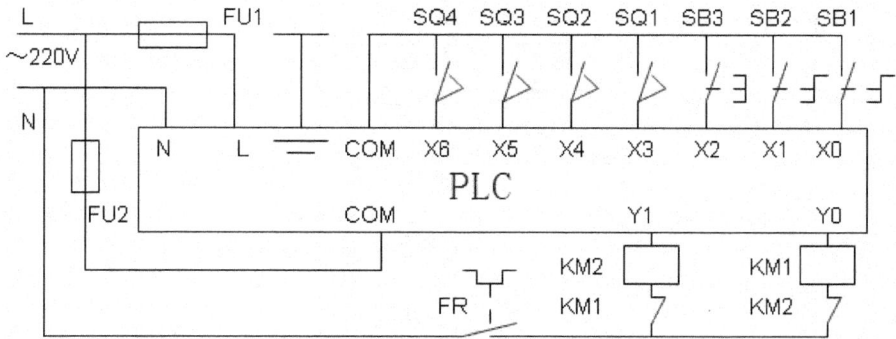

图 3-2-8 PLC 接线原理图

3. 接线

图 3-2-8 中,连接 PLC 输入端点与各输入控制元件之间,输出端点与各输出负载之间的接线。

在输出端口的连线上,应严格按照各负载的额定工作电压要求选择相应的交、直流电源,避免出现因操作不当致使负载不能正常工作或者因明显过压而损毁元件、负载的情况。

同时还应注意区分输出公共端 COM0~COMn 同各个输出信号之间的具体分工和归属问题,再进行正确接线。输入信号共用一个输入公共端 COM。

任务四 绘制状态转移图并编制梯形图程序

根据前述方案设计表 3-2-3 绘制状态转移图,如图 3-2-9 所示。步进指令控制程序请参考图 3-2-10。

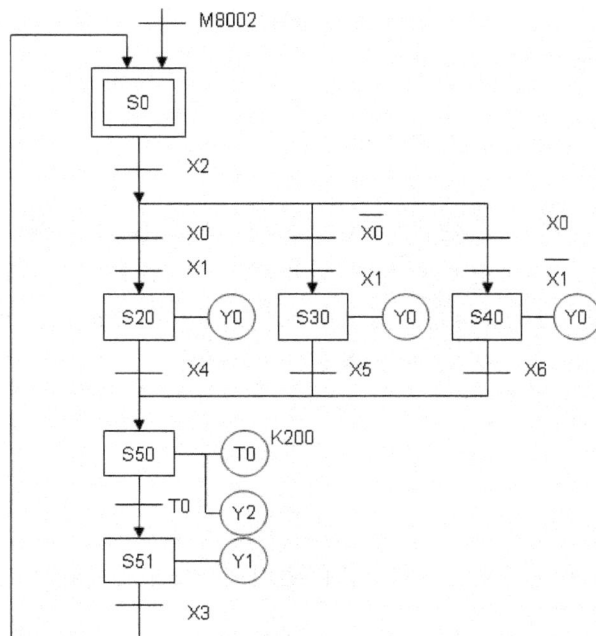

图 3-2-9 小车运料选择顺序控制状态转移图

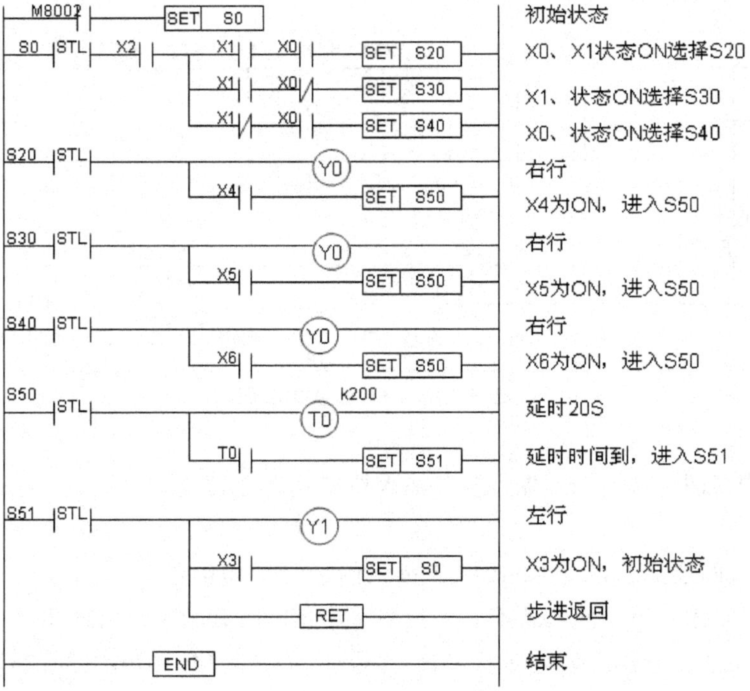

图 3-2-10　小车运料选择顺序控制梯形图参考程序

任务五　运行并调试程序

1. 将梯形图程序输入计算机。

2. 下载程序到 PLC,并对程序进行调试运行,观察电路能否达到预设的自动运行的控制要求。

3. 调试运行并记录调试结果。

归纳总结

运料小车的 PLC 控制系统,使运料小车具有启停、选择、卸料的功能。在选择时使用 X0、X1 输入和限位开关作为小车停止信号,停止后小车开始卸料一段时间,这段时间由 T0 决定,时间到,小车开始往回运动,直到遇到限位开关 X3,程序准备重新循环。本项目再次使用步进指令,让学生进一步学习了步进指令的并行顺序。

课后思考

1. 如果不用限位开关,请举例设置小车停止位置其他方式。

2. 请同学们思考,用普通的编程指令如何实现项目要求并将程序编写出来。

项目三　交通指示灯控制

项目描述

　　交通指示灯是城市交通监管系统的重要组成部分,对于保证机动车辆的安全行驶,维持城市道路的顺畅起到了重要的作用,本项目使用三菱 PLC 步进指令来进行编写,具有程序设计简单、可读性强的优点。

项目目标

　　1. 通过对步进指令知识的学习,分析、调试交通指示灯电路,从而掌握步进指令的并行顺序应用。

　　2. 培养学生分析问题、解决问题、实践操作、归纳总结的能力。

　　3. 激发学生对学习的好奇心和求知欲,培养实事求是完成任务的态度。

知识准备

　　1. 定时器做振荡电路,如图 3-2-11 所示,输出 Y0 占空比为 50% 的 1 s 周期方波脉冲。这样一个振荡脉冲在 PLC 电路中可以发挥特定的作用。

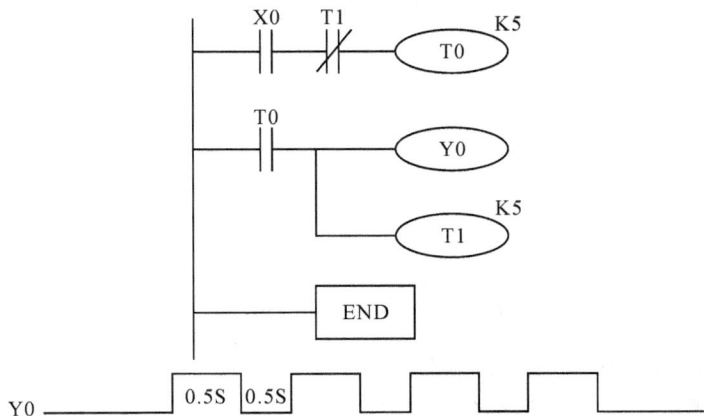

图 3-2-11　定时器振荡电路

　　2. 并行顺序控制。

　　顺序控制的同一阶段,当转换导致几个序列同时被激活时,这些序列称为并行序列。为强调转换的同步实现,水平连线用双线表示,且水平线上只允许有一个转换符。如图 3-2-12 所示并行序列结构。

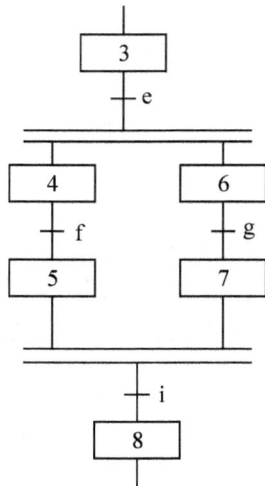

图 3-2-12　并行序列结构图

　　若 3 为活动步且 e＝1,则 4、6 步同时变为活动步,3 变为不活动步。当 5、7 都为活动步且 i＝1 时,才发生 5、7→8 步转换,8 变为活动步,5、7 都变为不活动步。

项目实施

任务一　读一读交通指示灯示意图

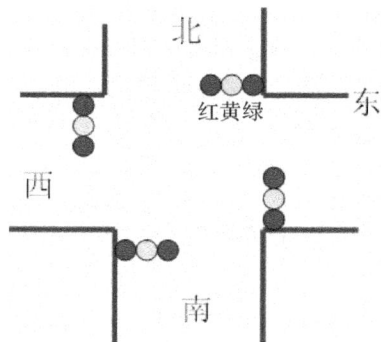

图 3-2-13　交通灯工作示意图

图 3-2-13 中,项目的逻辑控制要求如下:

指示灯一个周期 120 s,南北和东西同时工作。

0～50 s,南北绿、东西红;

50～60 s,南北黄、东西红;

60～110 s,南北红、东西绿;

110～120 s,南北红、东西黄。

任务二　方案设计

先画出交通指示灯时序工作图,为后面的控制设计提供参考,如图 3-2-14 所示,再将控制工艺分解为若干个连续的顺序、并行状态,然后确定状态间的转移条件和处理对象,最后画出梯形图。

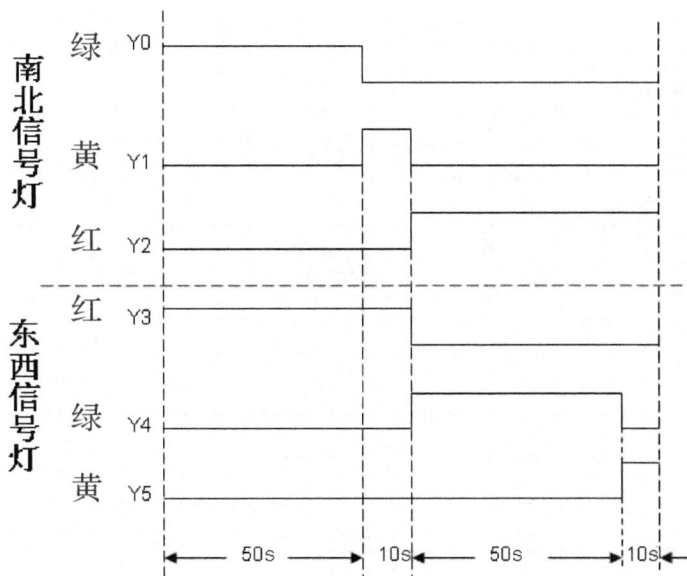

图 3-2-14　交通灯时序工作图

1. 状态分配。

工作过程按工步分解,工步对应状态,状态分配如下表 3-2-5:

表 3-2-5　状态分配表

工步号	状态号	状态输出			状态转移
原位	S0	PLC 初始化			X0 启动：S0→S20、S30
第 1 工步	S20 S30	Y0 输出 Y3 输出	南北绿灯亮 东西红灯亮	T0 输出延时 50 s T3 输出延时 60 s	T0 延时 50 s：S20→S21 T3 延时 60 s：S30→S31
第 2 工步	S21 S31	Y1 输出 Y4 输出	南北黄灯亮 东西绿灯亮	T1 输出延时 10 s T4 输出延时 50 s	T1 延时 10 s：S21→S22 T4 延时 50 s：S31→S32
第 3 工步	S22 S32	Y2 输出 Y5 输出	南北红灯亮 东西黄灯亮	T2 输出延时 60 s T5 输出延时 10 s	T2 延时 10 s：S22→S0 T5 延时 50 s：S32→S0

2. 状态输出。

明确每个状态的负载驱动和功能。如表 3-2-5。

3. 状态转移。

明确状态转移条件和方向:转移条件 X0 为 ON 时,将从状态 S0 转移到 S20 和 S30,即南北绿灯亮,并设置 T0 延时 50 s 等待,东西红灯亮,并设置 T3 延时 60 s 等待;转移条件 T0 和 T3 成立时,将从 S20、S30 转移到 S21、S31,即南北黄灯亮,并设置 T1 延时 10 s 等待,东西绿灯亮,并设置 T4 延时 50S 等待;转移条件 T1 和 T4 成立时,将从 S21、S31 转移到 S22、S32,即南北红灯亮,并设置 T2 延时 60 s 等待,东西黄灯亮,并设置 T5 延时 10 s 等待;转移条件 T2、T5 成立时,将从 S22、S32 回到初始状态 S0。

任务三　硬件设置

1. 分配 I/O 地址。

表 3-2-6　I/O 地址分配表

输　入			输　出		
输入继电器	输入元件	功能作用	输出继电器	输出元件	控制对象
X0	SB1	运行开关	Y0	HL0	南北绿
			Y1	HL1	南北黄
			Y2	HL2	南北红
			Y3	HL3	东西红
			Y4	HL4	东西绿
			Y5	HL5	东西黄

2. 画 I/O 接线图。

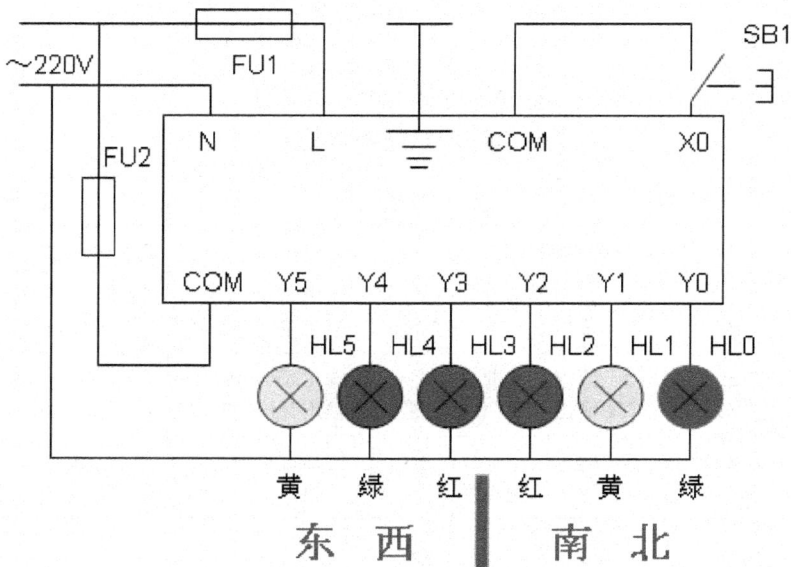

图 3-2-15　PLC 接线原理图

3. 接线。

按照图 3-2-15 所示,连接 PLC 输入端点与各输入控制元件之间,输出端点与各输出负载之间的接线。

在输出端口的连线上,应严格按照各负载的额定工作电压要求选择相应的交、直流电源,避免出现因操作不当致使负载不能正常工作或者因明显过压而损毁元件、负载的情况。

同时还应注意区分输出公共端 COM0～COMn 同各个输出信号之间的具体分工和归属问题,再进行正确接线。输入信号共用一个输入公共端 COM。

任务四　绘制状态转移图并编制梯形图程序

根据前述方案设计表 3-2-5 绘制状态转移图,如图 3-2-16 所示。步进指令梯形图程序请参考图 3-2-17。

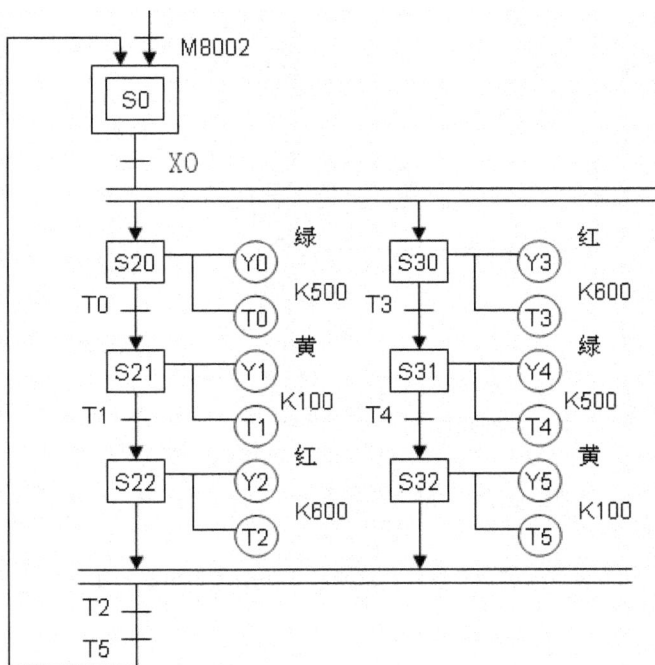

图 3-2-16　交通灯并行顺序控制状态转移图

任务五　运行并调试程序

1. 将梯形图程序输入计算机。

2. 下载程序到 PLC,并对程序进行调试运行,观察电路能否达到预设的自动运行的控制要求。

3. 调试运行并记录调试结果。

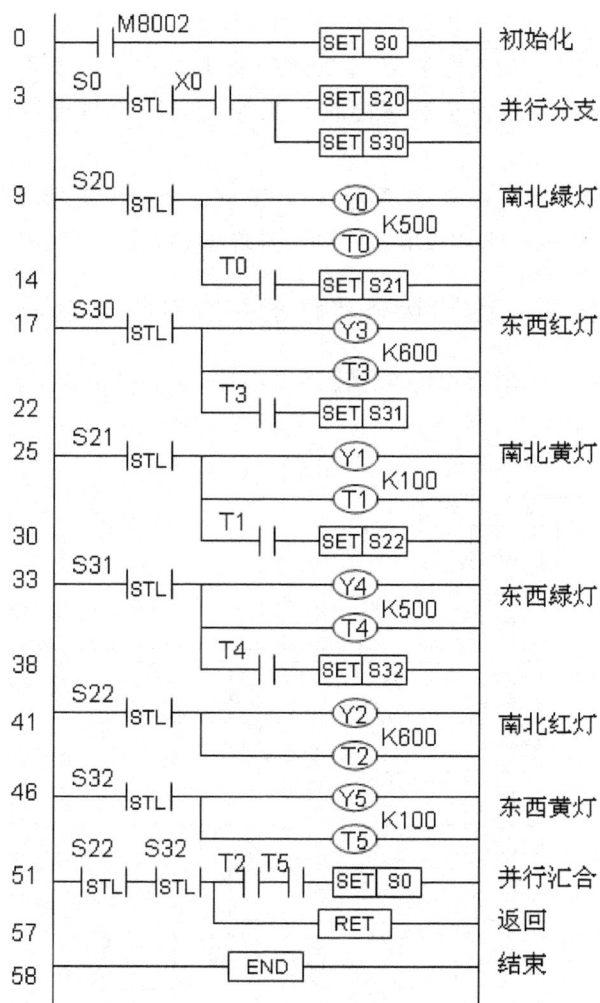

图 3-2-17   交通灯并行顺序控制参考梯形图程序

归纳总结

本项目介绍了应用 PLC 实现十字路口交通指示灯的自动控制。通过对交通指示灯的控制要求分析,对 PLC 控制系统进行了软、硬件设计,并通过实验证明该系统简单、经济、运行可靠,具有很高的实用价值。

课后思考

思考如果使用定时器该如何来设计程序。

模块四　功能指令应用

第一部分　功能指令一览表

表 4-1-1　三菱 FX 系列 PLC 功能指令一览表

分类	FNC NO.	指令助记符	功能说明	对应不同型号的 PLC √ ×				
				FX0S	FX0N	FX1S	FX1N	FX2N FX2NC
程序流程	00	CJ	条件跳转	√	√	√	√	√
	01	CALL	子程序调用	×	×	√	√	√
	02	SRET	子程序返回	×	×	√	√	√
	03	IRET	中断返回	√	√	√	√	√
	04	EI	开中断	√	√	√	√	√
	05	DI	关中断	√	√	√	√	√
	06	FEND	主程序结束	√	√	√	√	√
	07	WDT	监视定时器刷新	√	√	√	√	√
	08	FOR	循环的起点与次数	√	√	√	√	√
	09	NEXT	循环的终点	√	√	√	√	√
传送与比较	10	CMP	比较	√	√	√	√	√
	11	ZCP	区间比较	√	√	√	√	√
	12	MOV	传送	√	√	√	√	√
	13	SMOV	位传送	×	×	×	×	√
	14	CML	取反传送	×	×	×	×	√
	15	BMOV	成批传送	×	√	√	√	√
	16	FMOV	多点传送	×	×	×	×	√
	17	XCH	交换	×	×	×	×	√
	18	BCD	二进制转换成 BCD 码	√	√	√	√	√
	19	BIN	BCD 码转换成二进制	√	√	√	√	√
算术与逻辑运算	20	ADD	二进制加法运算	√	√	√	√	√
	21	SUB	二进制减法运算	√	√	√	√	√
	22	MUL	二进制乘法运算	√	√	√	√	√
	23	DIV	二进制除法运算	√	√	√	√	√

分类	FNC NO.	指令助记符	功能说明	对应不同型号的 PLC√／×				
				FX_{0S}	FX_{0N}	FX_{1S}	FX_{1N}	FX_{2N} FX_{2NC}
算术与逻辑运算	24	INC	二进制加 1 运算	√	√	√	√	√
	25	DEC	二进制减 1 运算	√	√	√	√	√
	26	WAND	字逻辑与	√	√	√	√	√
	27	WOR	字逻辑或	√	√	√	√	√
	28	WXOR	字逻辑异或	√	√	√	√	√
	29	NEG	求二进制补码	×	×	×	×	√
循环与移位	30	ROR	循环右移	×	×	×	×	√
	31	ROL	循环左移	×	×	×	×	√
	32	RCR	带进位右移	×	×	×	×	√
	33	RCL	带进位左移	×	×	×	×	√
	34	SFTR	位右移	√	√	√	√	√
	35	SFTL	位左移	√	√	√	√	√
	36	WSFR	字右移	×	×	×	×	√
	37	WSFL	字左移	×	×	×	×	√
	38	SFWR	FIFO(先入先出)写入	×	×	√	√	√
	39	SFRD	FIFO(先入先出)读出	×	×	√	√	√
数据处理	40	ZRST	区间复位	√	√	√	√	√
	41	DECO	解码	√	√	√	√	√
	42	ENCO	编码	√	√	√	√	√
	43	SUM	统计 ON 位数	×	×	×	×	√
	44	BON	查询位某状态	×	×	×	×	√
	45	MEAN	求平均值	×	×	×	×	√
	46	ANS	报警器置位	×	×	×	×	√
	47	ANR	报警器复位	×	×	×	×	√
	48	SQR	求平方根	×	×	×	×	√
	49	FLT	整数与浮点数转换	×	×	×	×	√
高速处理	50	REF	输入输出刷新	√	√	√	√	√
	51	REFF	输入滤波时间调整	×	×	×	×	√
	52	MTR	矩阵输入	×	×	√	√	√
	53	HSCS	比较置位(高速计数用)	×	√	√	√	√

分类	FNC NO.	指令助记符	功能说明	对应不同型号的 PLC√／×				
				FX$_{0S}$	FX$_{0N}$	FX$_{1S}$	FX$_{1N}$	FX$_{2N}$ FX$_{2NC}$
高速处理	54	HSCR	比较复位（高速计数用）	×	√	√	√	√
	55	HSZ	区间比较（高速计数用）	×	×	×	×	√
	56	SPD	脉冲密度	×	×	√	√	√
	57	PLSY	指定频率脉冲输出	√	√	√	√	√
	58	PWM	脉宽调制输出	√	√	√	√	√
	59	PLSR	带加减速脉冲输出	×	×	√	√	√
方便指令	60	IST	状态初始化	√	√	√	√	√
	61	SER	数据查找	×	×	×	×	√
	62	ABSD	凸轮控制（绝对式）	×	×	√	√	√
	63	INCD	凸轮控制（增量式）	×	×	√	√	√
	64	TTMR	示教定时器	×	×	Î	Î	√
	65	STMR	特殊定时器	×	×	×	×	√
	66	ALT	交替输出	√	√	√	√	√
	67	RAMP	斜波信号	√	√	√	√	√
	68	ROTC	旋转工作台控制	×	×	×	×	√
	69	SORT	列表数据排序	×	×	×	×	√
外部 I／O 设备	70	TKY	10 键输入	×	×	×	×	√
	71	HKY	16 键输入	×	×	×	×	√
	72	DSW	BCD 数字开关输入	×	×	√	√	√
	73	SEGD	7 段码译码	×	×	×	×	√
	74	SEGL	7 段码分时显示	×	×	√	√	√
	75	ARWS	方向开关	×	×	×	×	√
	76	ASC	ASCI 码转换	×	×	×	×	√
	77	PR	ASCI 码打印输出	×	×	×	×	√
	78	FROM	BFM 读出	×	√	×	√	√
	79	TO	BFM 写入	×	√	×	√	√
外围设备	80	RS	串行数据传送	×	√	√	√	√
	81	PRUN	八进制位传送（＃）	×	×	√	√	√
	82	ASCI	十六进制数转换成 ASCI 码	×	√	√	√	√
	83	HEX	ASCI 码转换成十六进制数	×	√	√	√	√

分类	FNC NO.	指令助记符	功能说明	对应不同型号的 PLC√/×				
				FX$_{0S}$	FX$_{0N}$	FX$_{1S}$	FX$_{1N}$	FX$_{2N}$ FX$_{2NC}$
外围设备	84	CCD	校验	×	√	√	√	√
	85	VRRD	电位器变量输入	×	×	√	√	√
	86	VRSC	电位器变量区间	×	×	√	√	√
	87	—	—			√	√	√
	88	PID	PID 运算	×	×	√	√	√
	89	—	—					√
浮点数运算	110	ECMP	二进制浮点数比较	×	×	×	×	√
	111	EZCP	二进制浮点数区间比较	×	×	×	×	√
	118	EBCD	二进制浮点数→十进制浮点数	×	×	×	×	√
	119	EBIN	十进制浮点数→二进制浮点数	×	×	×	×	√
	120	EADD	二进制浮点数加法	×	×	×	×	√
	121	EUSB	二进制浮点数减法	×	×	×	×	√
	122	EMUL	二进制浮点数乘法	×	×	×	×	√
	123	EDIV	二进制浮点数除法	×	×	×	×	√
	127	ESQR	二进制浮点数开平方	×	×	×	×	√
	129	INT	二进制浮点数→二进制整数	×	×	×	×	√
	130	SIN	二进制浮点数 Sin 运算	×	×	×	×	√
	131	COS	二进制浮点数 Cos 运算	×	×	×	×	√
	132	TAN	二进制浮点数 Tan 运算	×	×	×	×	√
	147	SWAP	高低字节交换	×	×	×	×	√
定位	155	ABS	ABS 当前值读取	×	×	√	√	×
	156	ZRN	原点回归	×	×	√	√	×
	157	PLSY	可变速的脉冲输出	×	×	√	√	×
	158	DRVI	相对位置控制	×	×	√	√	×
	159	DRVA	绝对位置控制	×	×	√	√	×
时钟运算	160	TCMP	时钟数据比较	×	×	√	√	√
	161	TZCP	时钟数据区间比较	×	×	√	√	√
	162	TADD	时钟数据加法	×	×	√	√	√
	163	TSUB	时钟数据减法	×	×	√	√	√
	166	TRD	时钟数据读出	×	×	√	√	√

分类	FNC NO.	指令助记符	功能说明	对应不同型号的 PLC√／×				
				FX0S	FX0N	FX1S	FX1N	FX2N FX2NC
时钟运算	167	TWR	时钟数据写入	×	×	√	√	√
	169	HOUR	计时仪	×	×	√	√	
外围设备	170	GRY	二进制数→格雷码	×	×	×	×	√
	171	GBIN	格雷码→二进制数	×	×	×	×	√
	176	RD3A	模拟量模块(FX0N－3A)读出	×	√	×	√	×
	177	WR3A	模拟量模块(FX0N－3A)写入	×	√	×	√	×
触点比较	224	LD＝	(S1)＝(S2)时起始触点接通	×	×	√	√	√
	225	LD＞	(S1)＞(S2)时起始触点接通	×	×	√	√	√
	226	LD＜	(S1)＜(S2)时起始触点接通	×	×	√	√	√
	228	LD＜＞	(S1)＜＞(S2)时起始触点接通	×	×	√	√	√
	229	LD≦	(S1)≦(S2)时起始触点接通	×	×	√	√	√
	230	LD≧	(S1)≧(S2)时起始触点接通	×	×	√	√	√
	232	AND＝	(S1)＝(S2)时串联触点接通	×	×	√	√	√
	233	AND＞	(S1)＞(S2)时串联触点接通	×	×	√	√	√
	234	AND＜	(S1)＜(S2)时串联触点接通	×	×	√	√	√
	236	AND＜＞	(S1)＜＞(S2)时串联触点接通	×	×	√	√	√
	237	AND≦	(S1)≦(S2)时串联触点接通	×	×	√	√	√
	238	AND≧	(S1)≧(S2)时串联触点接通	×	×	√	√	√
	240	OR＝	(S1)＝(S2)时并联触点接通	×	×	√	√	√
	241	OR＞	(S1)＞(S2)时并联触点接通	×	×	√	√	√
	242	OR＜	(S1)＜(S2)时并联触点接通	×	×	√	√	√
	244	OR＜＞	(S1)＜＞(S2)时并联触点接通	×	×	√	√	√
	245	OR≦	(S1)≦(S2)时并联触点接通	×	×	√	√	√
	246	OR≧	(S1)≧(S2)时并联触点接通	×	×	√	√	√

第二部分 综合实训

项目一 CJ 跳转指令控制设备手动/自动运行

项目描述

在当前的工业生产过程控制中,普遍采用了 PLC 控制系统,设备的运行一般分为单体手动控制和自动控制运行 2 种方式。手动控制和自动控制程序的主要区别在于,自动控制程序是在正式投产后,各个设备没有故障可正常工作时进行。而手动控制是在调试期间用于俗称的"打点"时用,或正常运行时,有设备出现故障时用。

对于电动机的控制来说,正常运行时,首先是 PLC 程序的自动控制,如果出现 PLC 无法处理的问题或故障,则需要在上位机画面,人工进行单体设备的控制,以维持生产。

项目目标

1. 了解 PLC 功能指令的功能种类和基本格式,熟悉程序流向控制指令。
2. 领会条件跳转指令的控制功能和工程应用规则。
3. 提高学生独立分析问题、解决问题的能力。

知识准备

条件跳转指令:CJ(P)

CJ(P) FNC00 条件跳转	操作元件:指针 P0—P63(允许变址修改)P63 相当于 END 程序参数:CJ 和 CJ(P)……3 步 标号 P××……2 步

功能与操作:当 CJ 指令的驱动输入条件 X000 为 ON 时,程序跳转到 CJ 指令指定的标号处,中间的程序被跳过不执行;若驱动输入为 OFF,则执行紧接到 CJ 指令的程序。如图 4-2-1 所示。

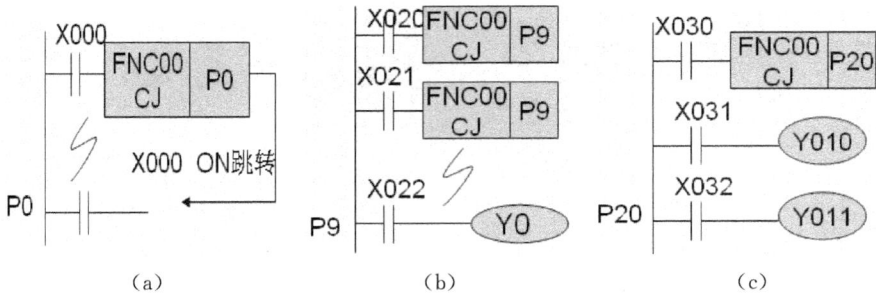

图 4-2-1　条件跳转指令图

图 4-2-1(a)中,如果驱动条件 X000 为 ON,程序执行将跳转到指定的标号 P0 处。

图 4-2-1(b)中,不管条件 X020 或 X021 为 ON,程序都将跳转到 P9 处执行。

图 4-2-1(c)中,驱动条件 X030 为 ON 时,程序将跳过中间段 Y010,直接跳转到 P20 处执行,中间段不被执行。

项目实施

任务一　读一读控制系统示意图

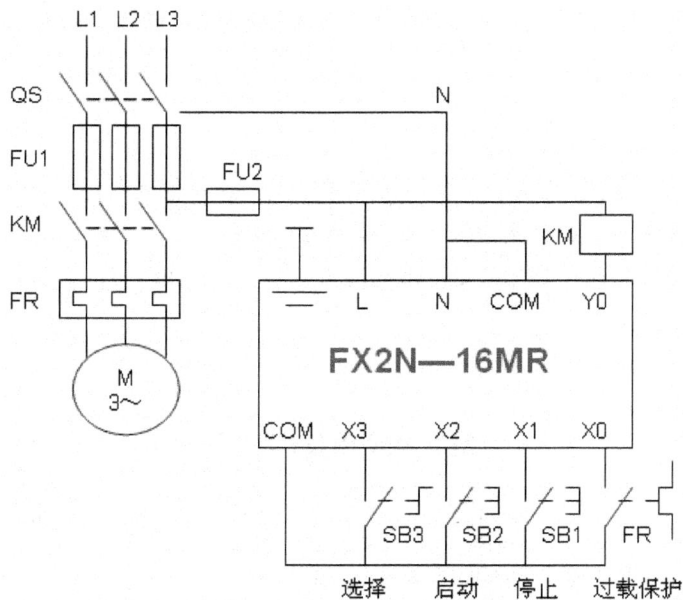

图 4-2-2　电机手动/自动控制运行示意图

某车间生产设备有手动和电动 2 种操作,由 SB3 选择开关控制,断开时为手动操作,接通时为电动。手动操作时按 SB2 电机运行,SB1 为停止;自动操作按 SB2 启动电机,1 min后自动停止,按 SB1 电机停止。

任务二　方案设计

手动与自动控制方式的选择,符合条件跳转指令的控制逻辑:依靠驱动条件的转换,利用跳转指令 CJ 将手动和自动控制子程序并列分开执行。驱动条件(SB3 闭合)满足时,跳转执行自动延时控制;驱动条件(SB3 分断)不满足时,则跳转执行手动控制子程序。

任务三　硬件设置

1. 分配 I/O 地址

表 4-2-1　I/O 地址分配表

输　入			输　出		
输入继电器	输入元件	功　能	输出继电器	输出元件	功　能
X0	FR	过载保护	Y0	KM	控制电机
X1	SB1	停止			
X2	SB2	起动			
X3	SB3	手动/自动			

2. 画 I/O 接线图

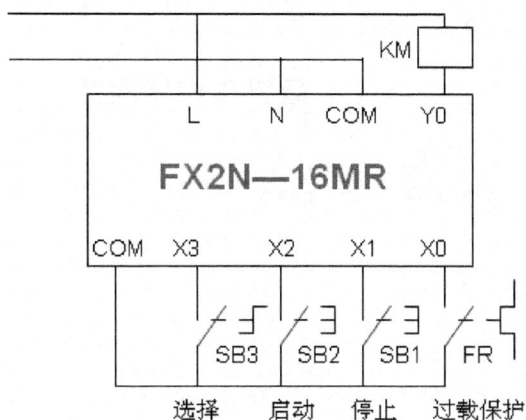

图 4-2-3　PLC 接线原理图

3. 接线

图 4-2-3 中,连接 PLC 输入端点与各输入控制元件之间,输出端点与各输出负载之间的接线。

在输出端口的连线上,应严格按照各负载的额定工作电压要求选择相应的交、直流电源,避免出现因操作不当致使负载不能正常工作或者因明显过压而损毁元件、负载的情况。

任务四　设计梯形图参考程序

根据控制要求和跳转指令的逻辑功能,可设计梯形图参考程序如图 4-2-4。

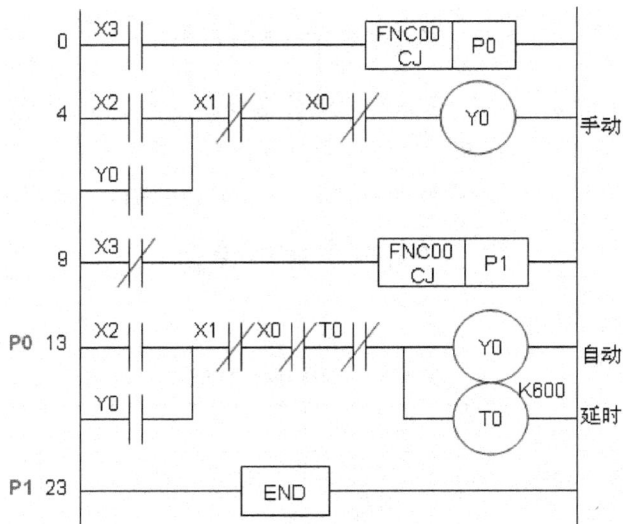

图 4-2-4　跳转指令参考程序

程序执行过程：

手动方式——SB3 断开，X3 常开断开，不执行"CJ　P0"，顺序需执行 4～8 步；因 X3 常闭闭合，执行"CP　P1"，跳过自动操作到结束指令；

自动方式——SB3 接通，X3 常开闭合，执行"CJ　P0"，跳过 4～12 步，执行 13～22 步自动程序，然后顺序执行到结束指令语句。

任务五　运行并调试程序

1. 将梯形图程序输入计算机。

2. 下载程序到 PLC，并对程序进行调试运行，观察电路能否达到预设的自动运行的控制要求。

3. 调试运行并记录调试结果。

归纳总结

本项目利用跳转指令 CJ 对生产设备进行手动到自动运行方式的条件跳转控制，通过学习，对跳转指令从指令格式到功能逻辑的表达主旨，将有比较深入的了解。对于同样的控制要求，运用功能指令不但可以使梯形图程序更为精简，而且可读性更强。

课后思考

如果另外增加一个电动机延时 5 min 运行的自动控制功能，使在新的外部开关闭合的条件下，电动机进入这一自动控制模式：即启动后延时运行 5 min 自动断电。尝试利用 CJ 条件跳转指令在原有的梯形图程序基础上增加这一功能。

项目二 MOV 传送指令控制电动机降压启动

项目描述

大功率电动机降压启动的必要性在模块二项目五中有过介绍,这里为了表述传送指令 MOV 指令的逻辑功能和应用场景,再次借用 Y—△降压启动运行为控制任务,以使同学们更加容易领会和接受。

项目目标

1. 了解 PLC 功能指令的各功能种类和基本格式。
2. 熟悉 MOV 传送指令的逻辑功能并能够应用。
3. 提高学生独立分析问题、解决问题的能力。

知识准备

1. 传送指令 MOV 指令
格式:

指令符	符　号		名　称
FNC12	MOV	S.　D.	数据传送

S.:源地址元件(可以为所有数据)。
D.:目标元件(可以为 KnY、KnM、KnS、T、C、D、V、Z)。
功能与操作:将源地址中的数据送到目的地址中。
2. 功能指令的操作数
位组件字元件:多个元件按一定规律组合称位组件字元件。如 KnY0,K 表示十进制,n 表示组数,取值为 1—8,每组有 4 个位元件。表 4-2-2。

表 4-2-2　功能指令操作数表

指令适用范围		KnY0	包含位元件最高—最低位（Y 为 8 进制）	位元件个数
N 取值 1—8 适用 32 位指令	N 取值 1—4 适用 32 位指令	K1Y0	Y3～Y0	4
		K2Y0	Y7～Y0	8
		K3Y0	Y13～Y0	12
		K4Y0	Y17～Y0	16
	N 取值 1—8 只能使用 32 位指令	K5Y0	Y23～Y0	20
		K6Y0	Y27～Y0	24
		K7Y0	Y33～Y0	28
		K8Y0	Y37～Y0	32

例：K1X000：表示 X003～X000 的 4 位数据，X000 为最低位；

K4M10：表示 M25～M10 的 16 位数据，M10 为最低位；

K8M100：表示 M131～M100 组成的 32 数据，M100 为最低位。

位指定：K1～K4 为 16 位运算有效，K1～K8 为 32 位运算有效。

项目实施

任务一　读一读 Y－△降压启动原理图

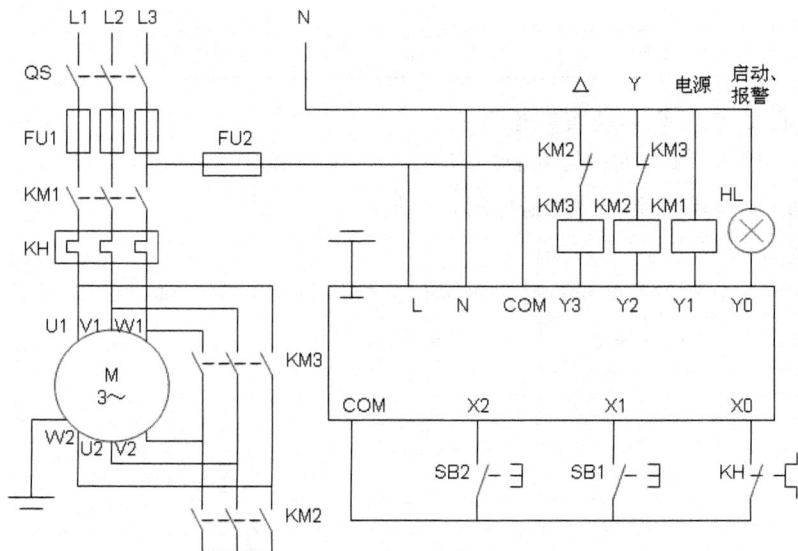

图 4-2-5　Y－△降压启动控制原理图

控制要求：

Y－△降压启动过程 10 s，考虑主触点同时接通而产生电弧，KM2 与 KM3 动作延时时间1 s。

任务二　方案设计

因需使用传送指令 MOV 指令，就要明确 MOV 传送指令是将源操作数内的数据传送到指定的目的操作数去，即 S→D。如图 4-2-6 所示。

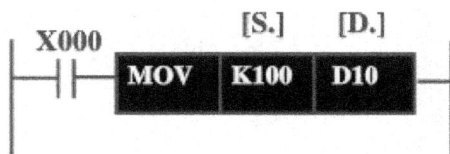

图 4-2-6

当 X0 为 ON 时，源操作数[S.]中的常数 K100 传送到目标操作元件 D10 中。当指令执行时，常数 K100 自动转换成二进制数。

任务三　硬件设置

1. 分配 I/O 地址。

表 4-2-3　I/O 地址分配表

操作元件	状　态	输入端口	输出端口/负载				传输数据
			Y3/KM3	Y2/KM2	Y1/KM1	Y0/HL	
SB2	Y 启动，T0 延时 10S	X2	0	1	1	1	K7 4 位二进制表示为 0111
	T0 延时到，T1 延时 1S		0	0	1	1	K3 4 位二进制表示为 0011
	T1 延时到，△运行		1	0	1	0	K10 4 位二进制表示为 1010
SB1	停止	X1	0	0	0	0	K0 4 位二进制表示为 0000
KH	过载保护	X0	0	0	0	1	K1 4 位二进制表示为 0001

2. 画 I/O 接线图。

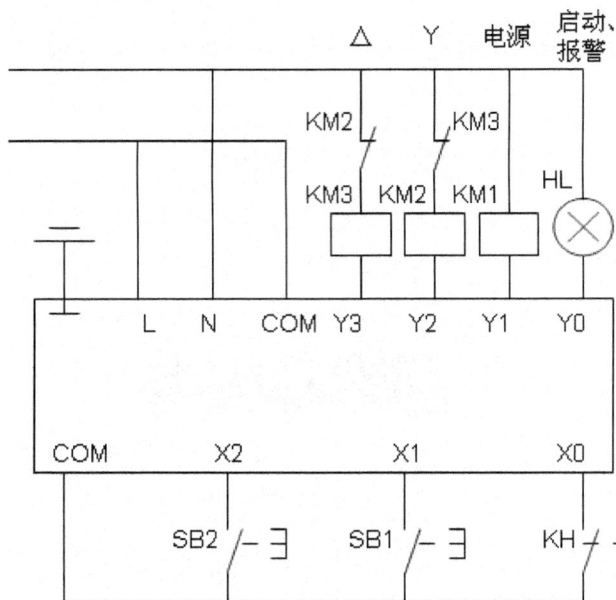

图 4-2-7 PLC 接线原理图

3. 接线

按照图 4-2-7 所示,连接 PLC 输入端点与各输入控制元件之间,输出端点与各输出负载之间的接线。

在输出端口的连线上,应严格按照各负载的额定工作电压要求选择相应的(交直流)电源,避免出现因操作不当致使负载不能正常工作或者因明显过压而损毁元件、负载的情况。

同时还应注意区分输出公共端 COM0~COMn 与各输出端点之间的具体分工和归属问题,然后再进行正确接线。输入信号共用一个输入公共端 COM。

任务四 设计梯形图参考程序

根据控制要求和传送指令 MOV 指令的逻辑功能,可设计梯形图参考程序如图 12-4。

MOV	S.	D.

MOV 指令源操作数 K 表示十进制,H 表示十六进制,例如程序中:

MOV	K7	K1Y0

源操作数 K7＝0111,K1Y0 代表 Y3,Y2,Y1,Y0,经传送指令传输之后,目的元件 K1Y0 变为 Y3＝0,Y2＝1,Y1＝1,Y0＝1。

MOVP 的 P 为脉冲操作指令,条件满足时仅执行一个扫描周期,即执行一次。

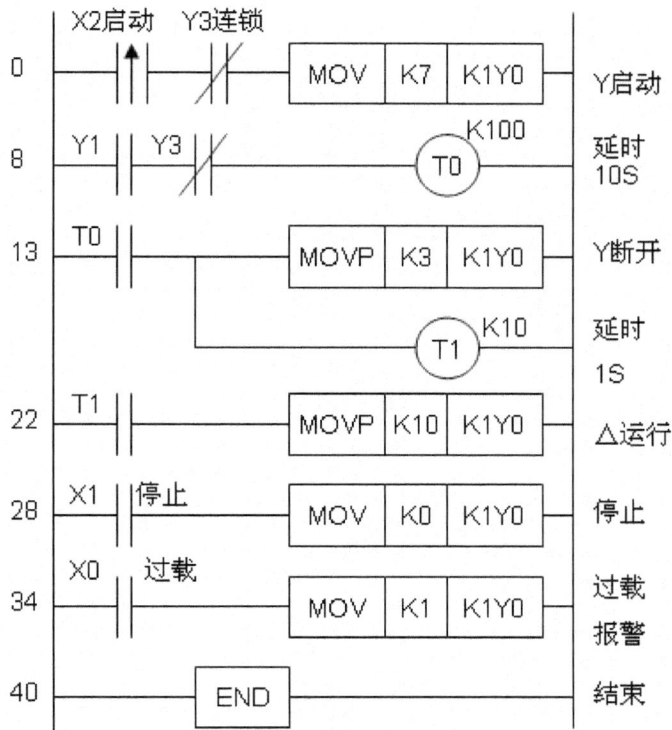

图 4-2-8　MOV 指令控制降压启动参考程序

任务五　运行并调试程序

1. 将梯形图程序输入计算机。

2. 下载程序到 PLC,并对程序进行调试运行,观察电路能否达到预设的降压启动的控制要求。

3. 调试运行并记录调试结果。

归纳总结

本项目以其简单的 Y—△降压启动的控制要求,来学习传送指令 MOV 的控制逻辑。通过学习,对于传送指令的逻辑功能和控制应用应有较好的理解和领会。我们的本意是让同学们在此基础上了解和熟悉更多的功能指令,利用其强大的功能为日后更多的控制任务的设计带来便利。

课后思考

某电路有 8 盏指示灯 L1~L8,现通过上电脉冲指令 M8002 点亮这 8 盏指示灯当中除 L3、L8 之外的其余 6 盏,请利用 MOV 传送指令编辑该控制梯形图程序。

模块五　GX Developer 软件简介

GX Developer 软件简介

三菱 PLC 编程软件 GX Developer 的应用

1. 打开程序

如图 5-1 所示，单击"开始"→"程序"→"MELSOFT 应用程序"→"GX Developer"即打开程序。

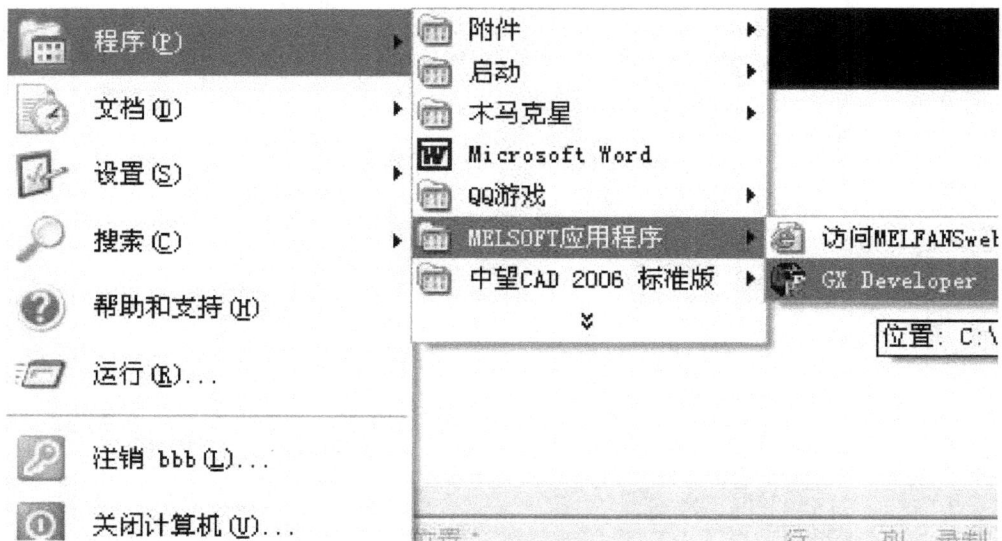

图 5-1　打开程序

2. 创建新工程

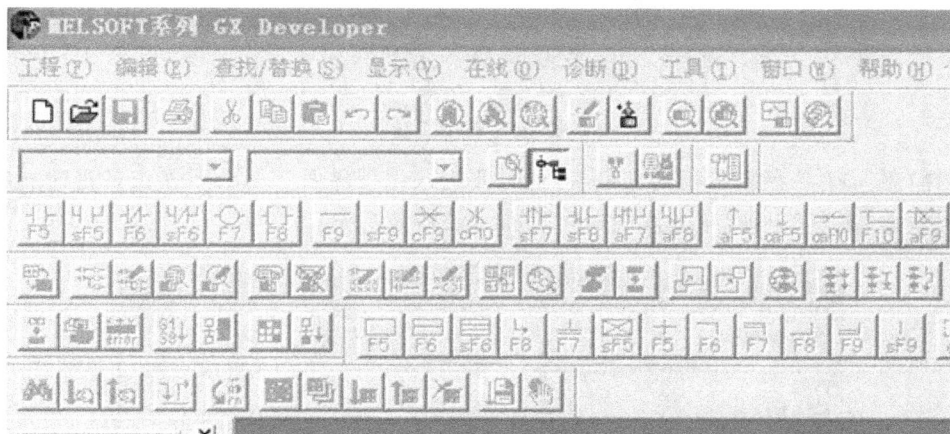

图 5-2　程序界面

图 5-2 中，单击"工程（F）"→"创建新工程（N）"或单击"工程"下面的图标，即出现如图
5-3 所示对话框。

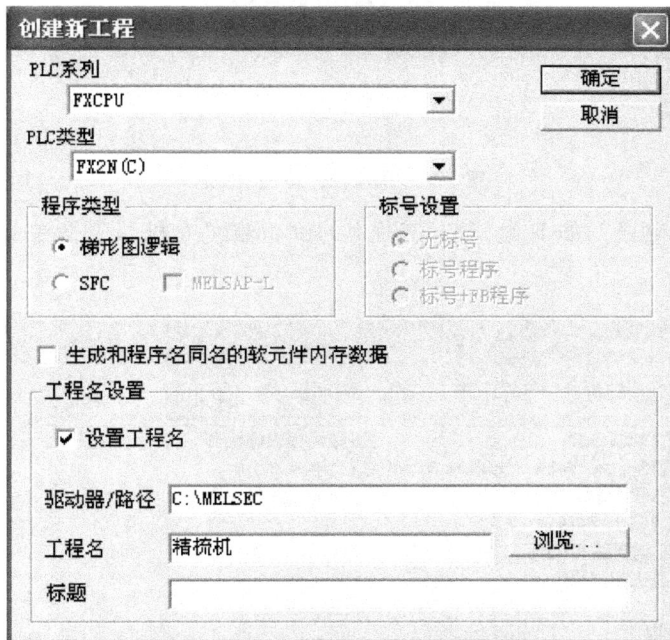

图 5-3　创建新工程

"PLC 系列"选择"FXCPU""PLC 类型"选择"FX2N""程序类型"，默认为"梯形图"。

勾选"设置工程名"，在"工程名"框中输入程序名称。如"精梳机"。点击"确定"，因为在
C 盘没有此文件夹，所以会出现如图 5-4 所示对话框。

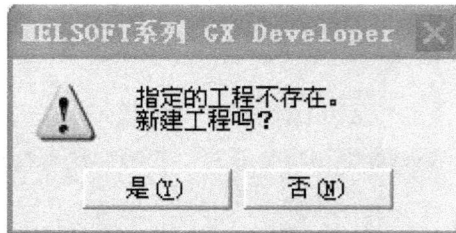

图 5-4　新建工程

选择"是"，在 C 盘新工程建立完毕，此时便进入编程界面。如果不想在 C 盘建立此文件夹，可以点击"浏览"出现"驱动器/路径"界面。如图 5-5 所示。

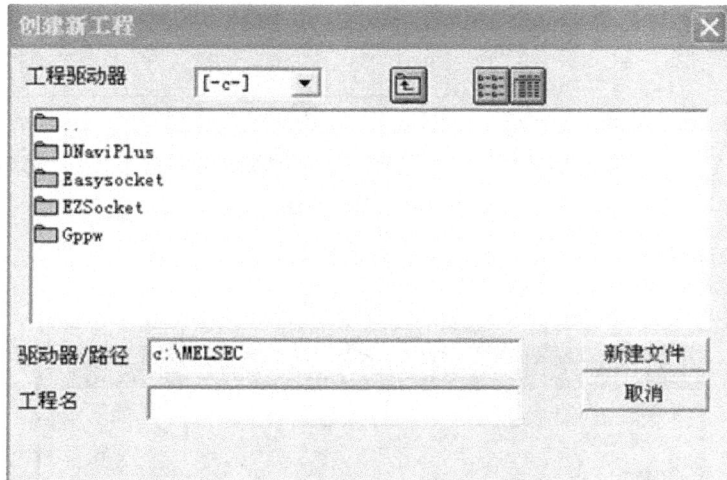

图 5-5　"驱动器/路径"界面

选择"驱动器/路径"，如 E 盘，填写工程名，如"沂春复卷机"，于是在 E 盘新工程建立完毕。如图 5-6 所示。

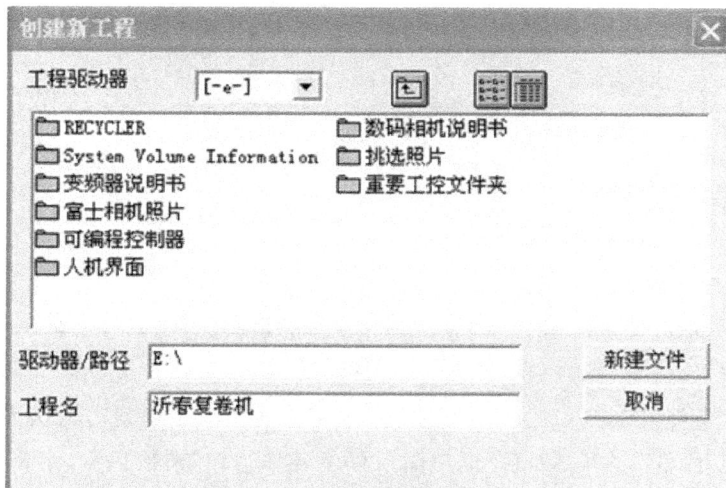

图 5-6　保存界面

点击"新建文件",恢复到"新建工程"界面,如图 5-7 所示。

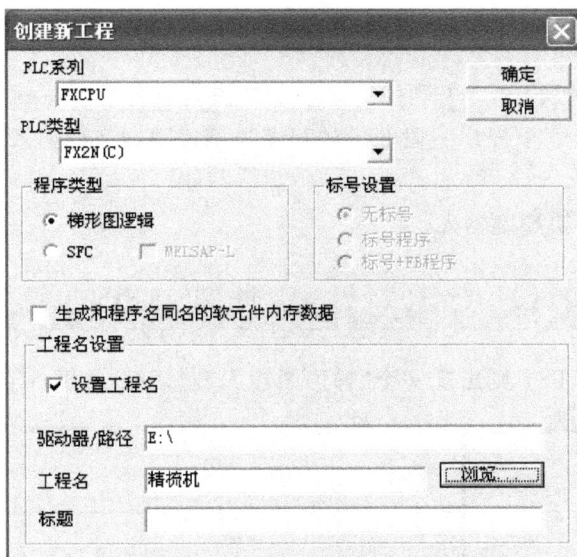

图 5-7　创建新文件

点击"确定",因为在 E 盘没有此文件夹,所以会出现如图 5-8 所示对话框。

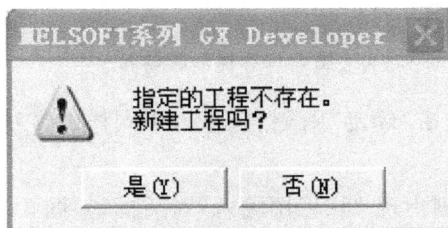

图 5-8　新建文件

点击"是",在 E 盘新工程建立完毕,此时便进入编程界面,如图 5-9 所示。

图 5-9　编程界面

3. 输入梯形图

输入梯形图有 2 种方法,一是利用工具条中的快捷键输入,另一种是直接用键盘输入如 F5,F6,F7,F8,F9,F10。下面以一段简单的程序为例说明这 2 种输入方法。

例:输入一段程序。

(1)用工具条中的快捷键输入。

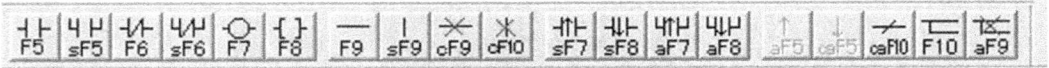

1)输入触点:点击 F5,则出现一个"梯形图输入"对话框,如图 5-10 所示。

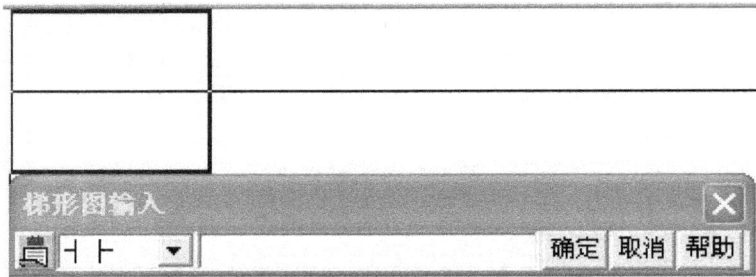

图 5-10　梯形图输入

在对话框中输入 X0,点击"确定"则触点输入,用同样的方法,可以输入其他的常开、常闭触点。

2)线圈输入:点击 F8,则出现"梯形图输入"对话框,如图 5-11 所示。

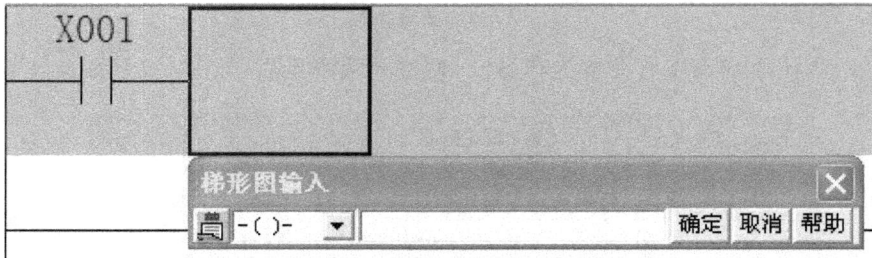

图 5-11　线图输入

在对话框中输入 Y0,点击"确定",则线圈输入。

用同样的方法,可以输入其他程序。

解释一下工具条中各按钮的功能。

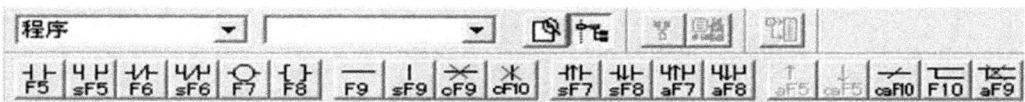

F5—输入常开触点。

F6—输入常闭触点。

SF5—输入并联常开触点。

SF6—输入并联常闭触点。

F7—输入线圈。

F8—输入功能指令。

F9—输入直线。

SF9—输入竖线。

CF9—横线删除。

CF10—竖线删除。

SF7—上升沿脉冲。

SF8—下降沿脉冲。

aF7—并联上升沿脉冲。

aF8—并联下降沿脉冲。

caF10—运算结果取反。

F10—划线输入。

aF9—划线删除。

（2）从键盘输入。

直接从键盘输入则更方便，效力更高。不用点击工具栏中的按钮。首先使光标处于第一行的首端。在键盘上直接敲入 ld　x0，同样出现一个对话框，如图 5-10 所示。再敲回车键（Enter），则程序输入。接着键入 out　y0。再敲回车键（Enter）线圈输入。再输入 or y0，回车即可……

用键盘输入时，可以不管程序中各触点的连接关系，常开触点用 LD，常闭触点用 LDI，线圈用 OUT，功能指令直接输入助记符和操作数。但要注意助记符和操作数之间用空格隔开。对于出现分支、自锁等关系的可以直接用竖线去补上。

4. 梯形图编辑

在输入梯形图时，常需要对梯形进行编辑，如插入、删除等操作。

（1）触点的修改、添加和删除。

1）修改：把光标移在需要修改的触点上，直接输入新的触点，回车即可，则新的触点覆盖原来的触点。也可以把光标移到需要修改的触点上，双击，则出现一个对话框，在对话框中输入新触点的标号，回车，即可，如图 5-12 所示。

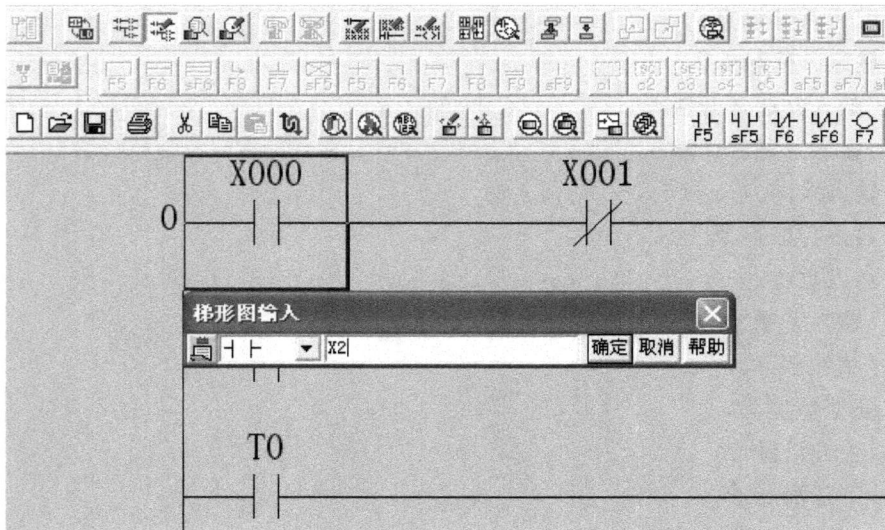

图 5-12   触点修改

2）添加：把光标移在需要添加触点处，直接输入新的触点，回车即可。

3）删除：把光标移在需要删除的触点上，再按键盘的"Delete"键，即可删除再点击直线，回车即可。用直线覆盖原来的触点。

（2）行插入和行删除。

在进行程序编辑时，通常要插入或删除一行或几行程序。操作方法：

1）行插入：先将光标移到要插入行的地方，点击"编辑（E）"弹出下拉菜单，再点击"行插入（N）"，则在光标处出现一个空行，就可以输入一行程序；用同样的方法，可以继续插入行，如图 5-13 所示。

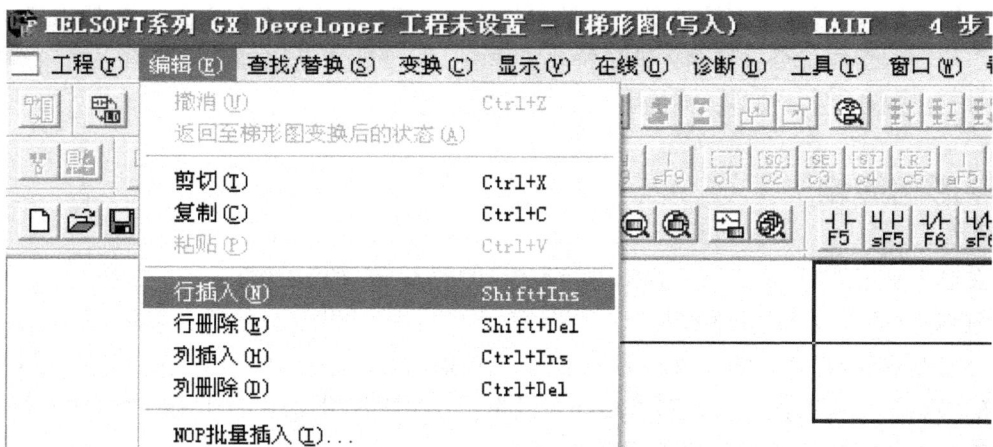

图 5-13   行插入

2）行删除：先将光标移到要删除行的地方，点击"编辑（E）"弹出下拉菜单，再点击"行删除（E）"，就删除了一行；用同样的方法可以继续删除。注意，"END"是不能删除的，如图5-14所示。

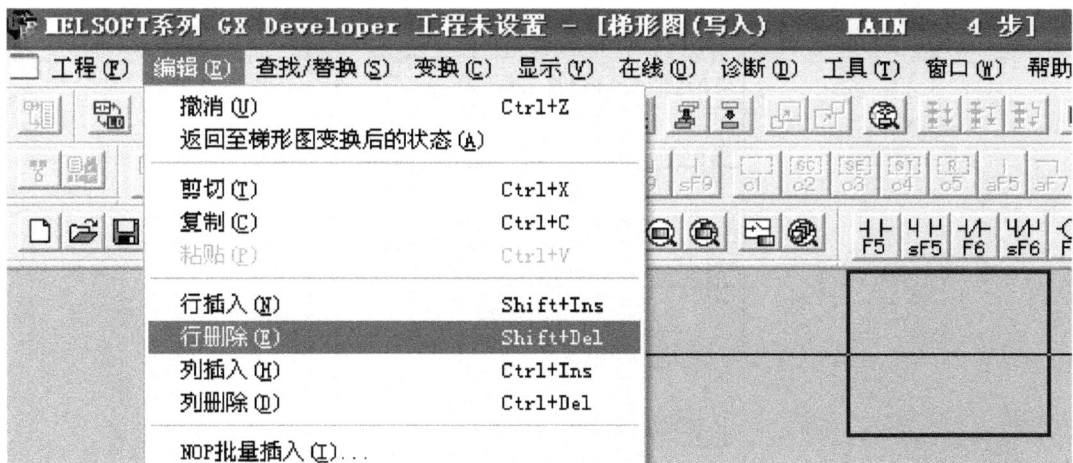

图 5-14　行删除

5. 步进指令输入

步进指令的输入方法和 FXGP-WIN-C 版本的软件有所不同,主要是 STL 指令的表现格式不同,在 FXGP-WIN-C 软件中,是一个触点的形式,而在 GX Developer 版的编程软件中,是相当于一个线圈的形式表示的。

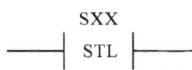

图 5-15　以前的形式　　图 5-16　FXGP-WIN-C 版的形式　　图 5-17　GX Developer 版的形式

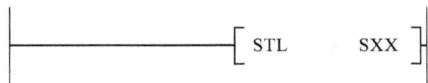

下面我们通过一个例子来说明如何输入步进指令,写出该状态转移图和梯形图,如图 5-18、图 5-19 所示。

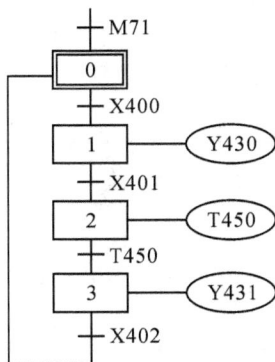

图 5-18　状态转移图

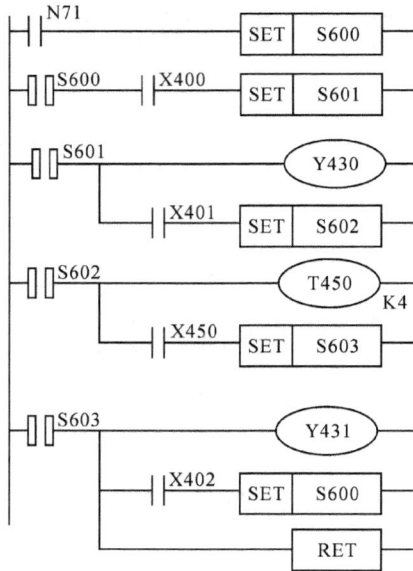

图 5-19　梯形图程序

6. 程序的转换

　　程序通过编辑以后，电脑界面的底色是灰色的，要通过转换变成白色才能传给 PLC 或进行仿真运行，如图 5-20 所示。

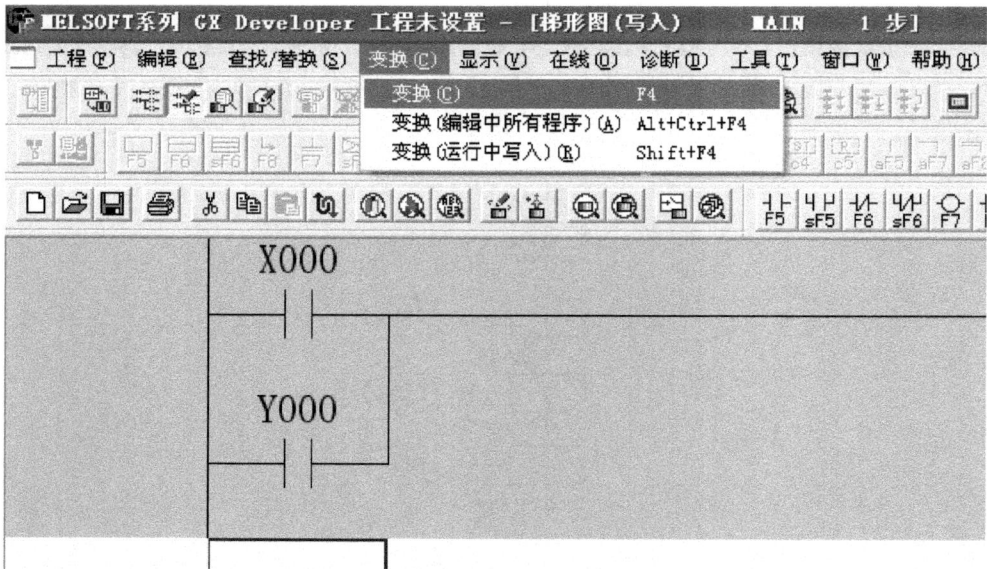

图 5-20　仿真运行

　　转换方法：

　　(1)直接敲击功能键"F4"即可。

（2）点击菜单条中的"变换（C）"→弹出下拉菜单→在下拉菜单中点击"变换（C）"即可。转换后的梯形图，如图 5-21 所示。

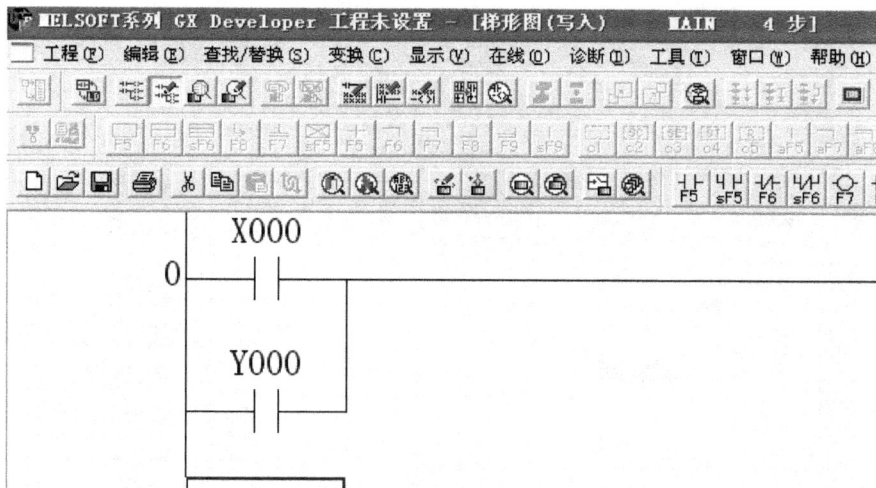

图 5-21　变换转换

7. 程序传送（电脑－PLC）

1. PLC 写入：把程序从电脑下载至 PLC。

（1）点击快捷按钮。

（2）点击菜单条中的"在线（O）"弹出下拉菜单，在下拉菜单中点击"PLC 写入（W）"。如图 5-22 所示。

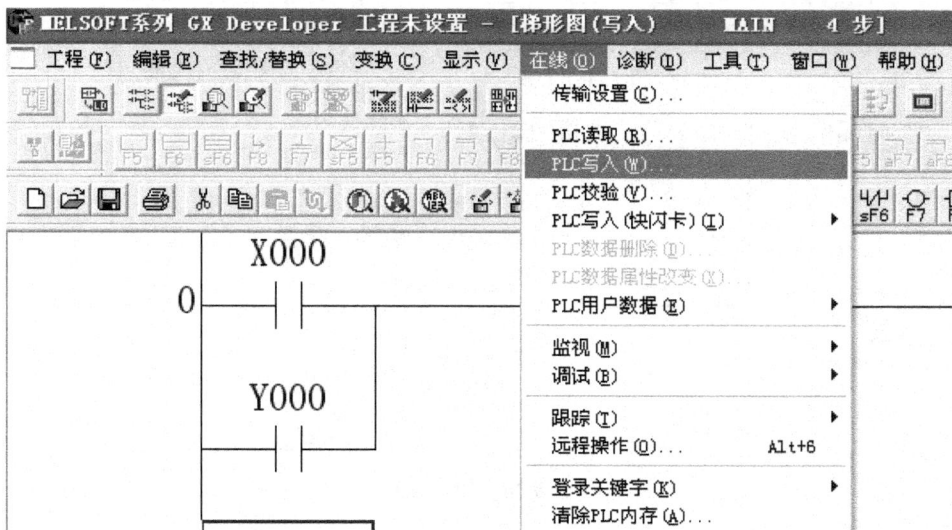

图 5-22　PLC 写入

点击"PLC 写入"后即出现如下对话框,根据其提示完成程序的写入操作,如图 5-23 所示。

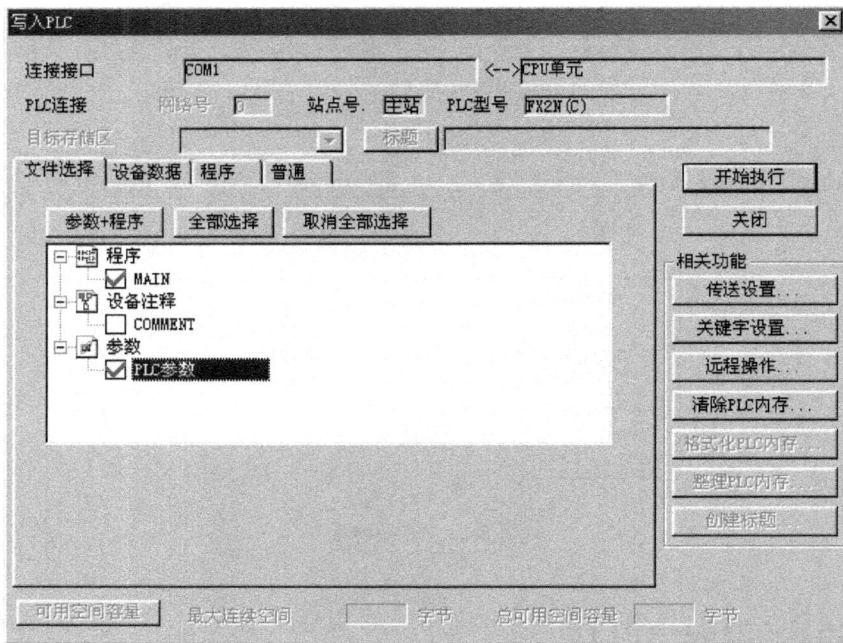

图 5-23 PLC 写入操作

2. PLC 读取:把程序从 PLC 读取到电脑。

在 PLC 处于 STOP 模式下,点击菜单条中的"在线(O)"弹出下拉菜单,在下拉菜单中点击"PLC 读取(R)",如图 5-24 所示。

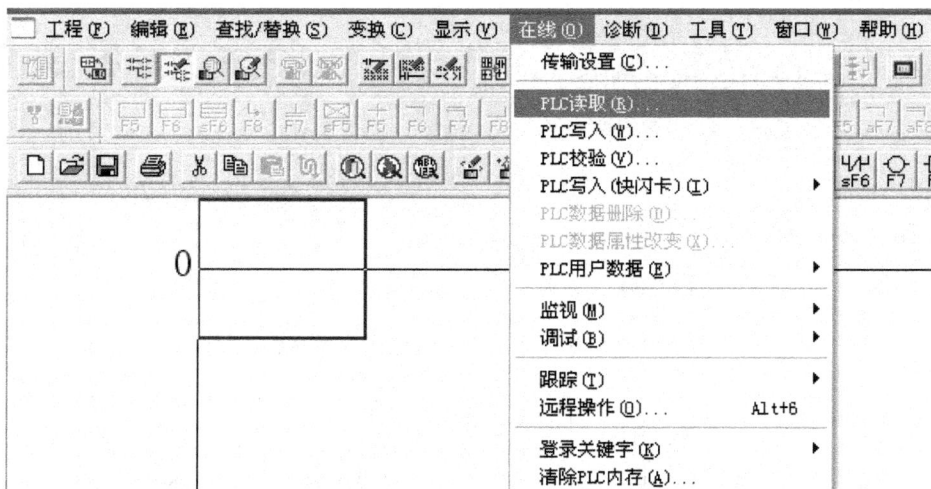

图 5-24 PLC 读取

3. 监视模式:通过显示器界面监控 PLC 运行状态。

执行程序运行后,点击菜单条中的"在线(O)"弹出下拉菜单,在下拉菜单中点击"监视模式（M）"。可对 PLC 的运行过程进行监控，结合控制程序，操作有关输入信号，观察输出状态，如图 5-25 所示。

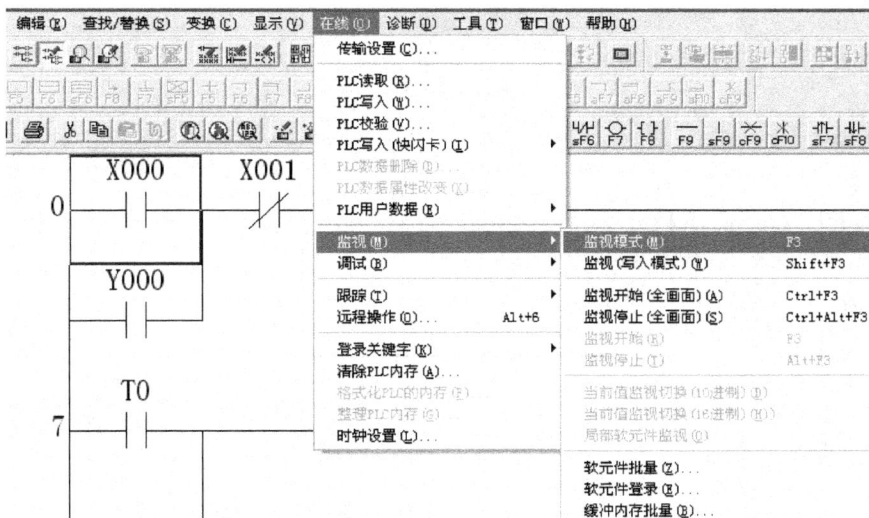

图 5-25　PLC 监控

8. 软元件调试

PLC 软元件调试：指 PLC 程序的离线调试功能，通过该功能可以实现在没有 PLC 的情况下照样运行 PLC 程序，实现模拟运行，称为仿真。

（1）点击菜单条中的"工具（T）"弹出下拉菜单，在下拉菜单中点击"梯形图逻辑测试起动（L）"，如图 5-26 所示。

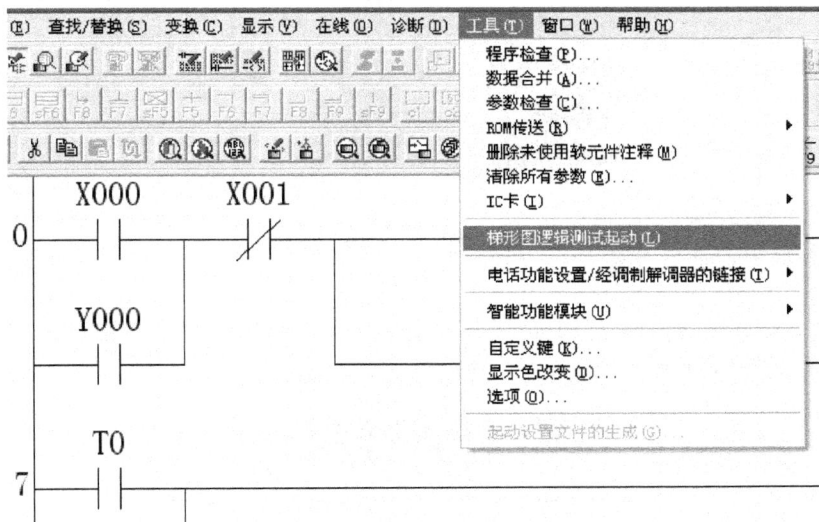

图 5-26　梯形图逻辑测试起动

等待模拟写入 PLC 如图 5-27 所示完成后,弹出一个标题为"LADDER LOGIC TEST TOOL"的对话框,该对话框用来模拟 PLC 实物的运行界面,如图 5-28 所示。

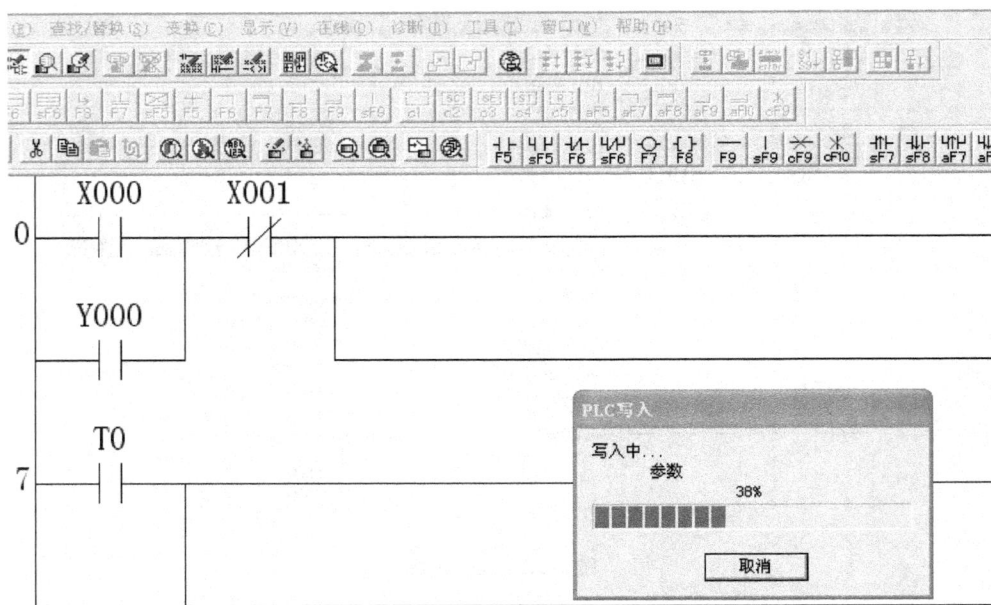

图 5-27 PLC 模拟写入

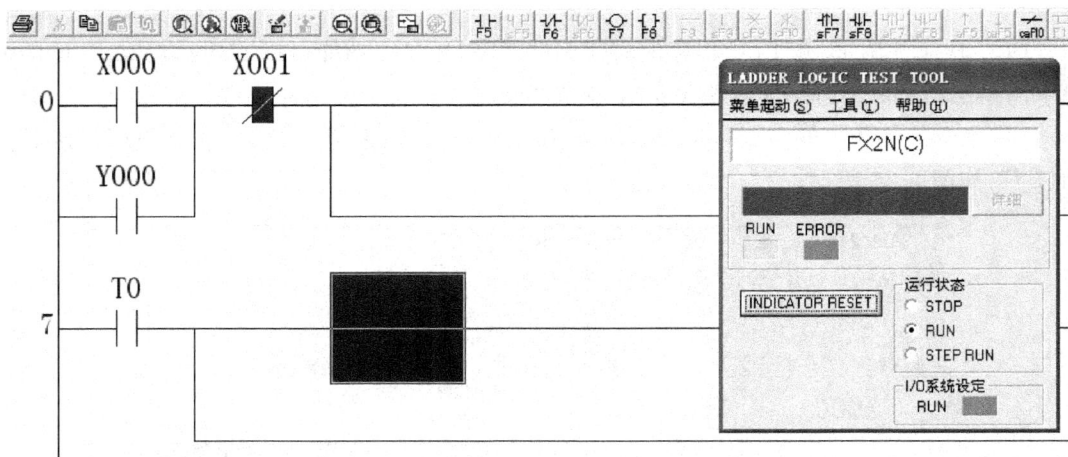

图 5-28

此外,在 GX Developer 的右上角还会弹出一个标题为监视状态的消息框,如图 5-29 所示,它显示的是仿真的时间单位和模拟 PLC 的运行状态。

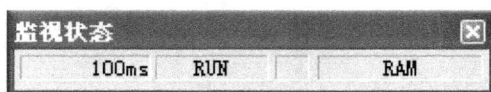

图 5-29 PLC 监控状态

(2)选中 X0 并右击,在弹出的选项中选择"软元件测试",弹出图 5-30 所示对话框。

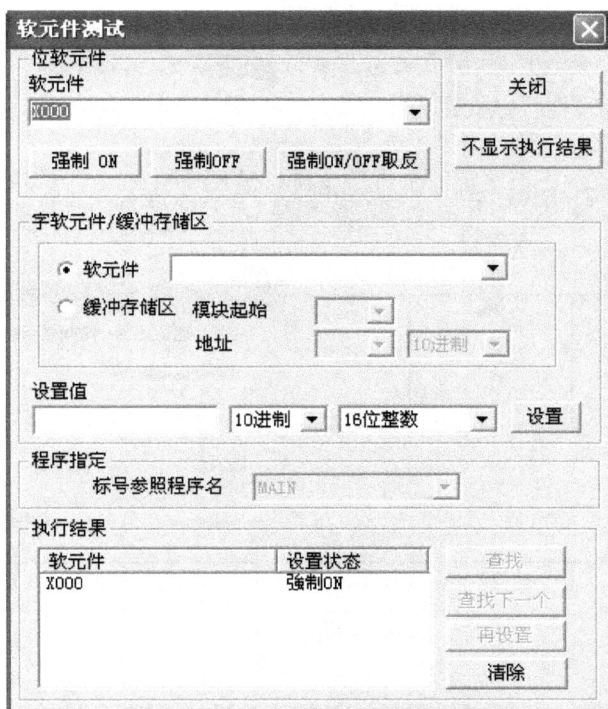

图 5-30 软元件测试

选择点击"强制 ON"按钮,因"X000"工作状态被强制执行,则此时程序开始全面运行,直至停止,如图 5-31 所示。

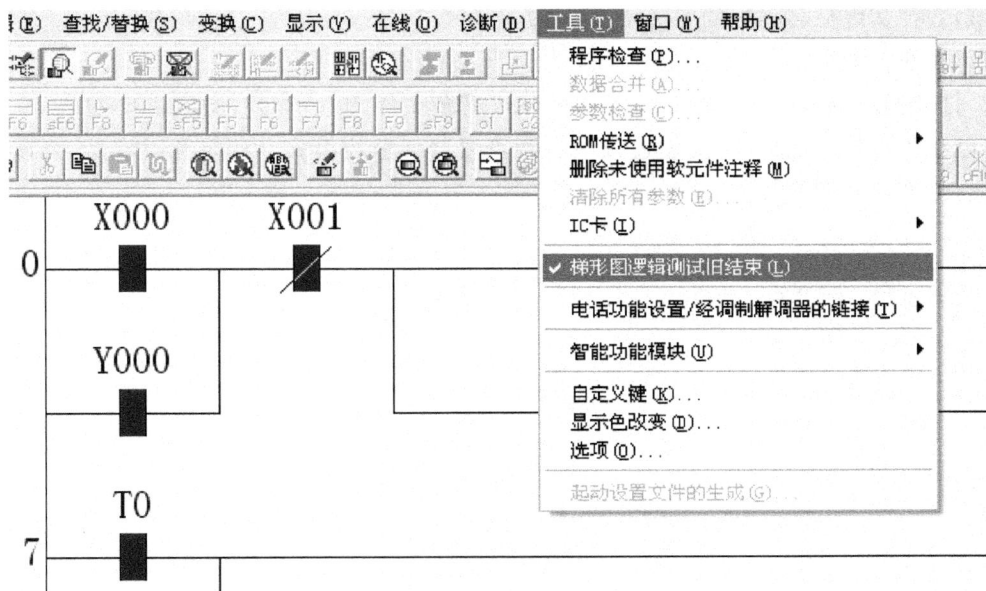

图 5-31 梯形图逻辑测试旧结束

（3）如需结束逻辑测试，再次点击菜单条中的"工具（T）"，在弹出的选项中选择"梯形图逻辑测试旧结束（L）"，退出仿真，如图 5-32 所示。

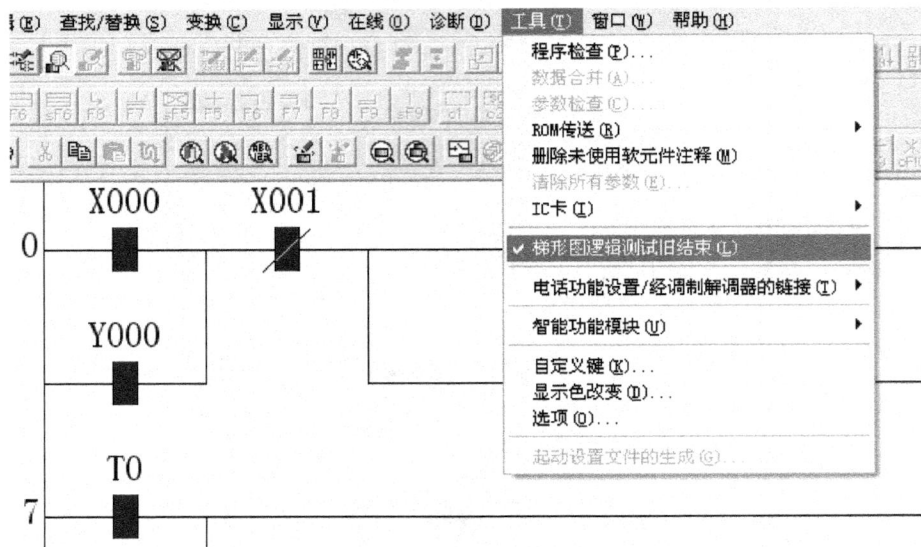

图 5-32　退出仿真

GX Developer 的安装

1. 先打开 GX Developer 编程软件 MELSOFT\EnvMEL\里的 SETUP 这个程序。这个安装程序是共通部件，需要注意以下 2 点：

（1）去掉文件夹名称中的中文字符；

（2）先安装 GX Developer\EnvMEL 里的环境包。

2. 打开 GX Developer 里的 SETUP. EXE 安装文件，开始安装，中间需要输入 ID 序列号（可以在压缩包里找到）。安装过程中注意不要选择监控模式。如果有不清楚，可以选择默认执行，直至最后安装完成。